INA SPERL

DAS GRÜNE
WUNDER

*Das geheime
Zusammenspiel der
Tier- und Pflanzenwelt
im Garten entdecken*

INA SPERL

DAS GRÜNE
WUNDER

*Das geheime
Zusammenspiel der
Tier- und Pflanzenwelt
im Garten entdecken*

INHALT

Begleiten Sie die **Erdhummel** rund ums Jahr!

Seite 19, 24, 37, 42, 49, 57, 63, 75, 81, 91, 99, 112, 127, 139, 158, 172

Begleiten Sie den **Giersch** rund ums Jahr!

Seite 20, 25, 29, 38, 43, 64, 76, 100, 111, 133, 146, 163, 177

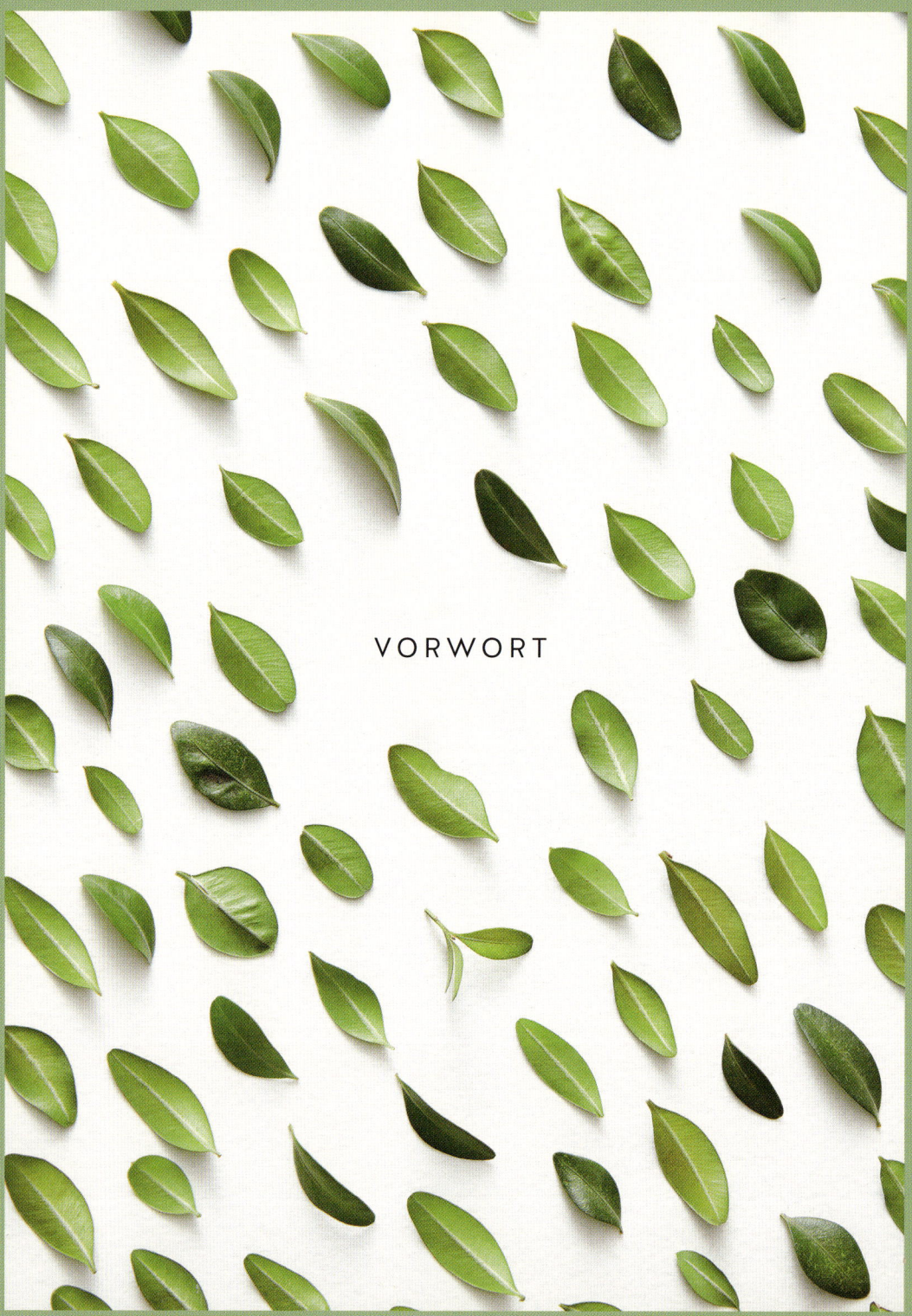

VORWORT

DER GARTEN IST VOLLER LEBEN. Vieles ist sichtbar, vieles geschieht aber auch im Verborgenen. Doch alles hängt zusammen. Wie beispielsweise das Efeu, das jeden freien Platz nutzt, um sich auszubreiten. Dadurch schafft es Lebensraum für Spinnen und Käfer, damit auch für Vögel, die zwischen seinen Blättern Nistplätze und Futter finden. Die Natur ist ein Gefüge, das sich über Millionen von Jahren entwickelt hat. Der Garten ist ein Teil davon.

Welche Rolle spielt der Mensch dabei? Eine entscheidende. Denn der Garten ist ein Stückchen Land, das eine menschengemachte Vergangenheit hat. Unberührte Natur gibt es in unseren Breiten nicht mehr. Der Mensch steht ihr auch nicht gegenüber, vielmehr ist er Teil von ihr. Ein Teil, der seit Hunderten von Jahren entscheidend eingreift und verändert. Zeit, zumindest einige der Zusammenhänge besser zu verstehen. Und wo ginge das besser als im Garten!

Dieses Buch nimmt Sie mit auf eine Reise durch den Jahreslauf. Von den ersten Knospen im Winter bis zu den letzten Beeren im Herbst, von der Mispel hoch in der Baumkrone bis zu den Springschwänzen im Boden. Beim Verstehen, dass es sich um ein großes Ganzes handelt, wird auch die eigene Rolle deutlicher: Der Mensch beherrscht nicht, er gibt nur eine Richtung vor, in die sich alles entwickeln soll. Verstehen führt ganz nebenbei auch zu der Erkenntnis, dass manche Probleme selbst gemacht sind. Etwa, dass ein Rittersporn im Schatten nie richtig wachsen wird, dass Blattlausbefall sich meist von ganz alleine löst und dass das große Aufräumen im Herbst sogar kontraproduktiv ist. Gehen Sie mit auf die Reise. Schauen Sie, verweilen Sie, lassen Sie sich inspirieren!

Ina Sperl

EINLEITUNG

VON DEN ERSTEN HAMAMELISBLÜTEN bis zur letzten Hagebutte, vom hungrigen Zitronenfalter bis zum Igel im Winterschlaf: Dieses Buch führt durch das Jahr. Dabei stehen jedoch nicht Monatsnamen im Vordergrund, sondern das, was gerade im Garten passiert: Knospen, die sich öffnen, Früchte, die reifen, und Laub, das fällt. Die Kapitel sind nach dem phänologischen Kalender eingeteilt – nach dem, was erscheint und zu beobachten ist da draußen. Die Dunkle Erdhummel sowie der Giersch sind dabei Ihre Begleiter durch den Jahreslauf.

Was ist im Frühsommer im Garten zu sehen, und was genau geschieht im Spätherbst? Warum hat der Krokus einen kurzen Stängel, wo kommen von einem Tag auf den anderen die ganzen Blattläuse her, und wohin verschwindet eigentlich das Herbstlaub? Vieles entzieht sich einem schnellen Blick und geschieht eher im Verborgenen. Doch auch hinter all dem, was sichtbar ist, gibt es so manchen Zusammenhang, der sich kaum erahnen lässt – was macht zum Beispiel die Ameise mit der Bläulings-Raupe? »Das grüne Wunder« versucht, ein wenig Licht ins Dunkel zu bringen. Doch nur ein kleiner Bruchteil all dessen, was im Garten vor sich geht, lässt sich auf diesen Seiten beleuchten.

Im Garten geschieht kaum etwas, das keine Auswirkung auf das gesamte System hat. Fast alles hängt zusammen, ist Ursache oder Wirkung. Darüber hinaus ist das Stückchen Land hinter dem Haus Teil der Umwelt – der Landschaft oder der Stadt, in der es liegt. Es kommen jede Menge Einflüsse von außen, aber jeder einzelne Garten hat auch eine kleine, nichtsdestoweniger entscheidende Rolle darin. Naturgesetze, menschengemachte Einflüsse – alles spielt ineinander. Garten und Menschen umgibt ein großes Ganzes. Das fällt umso stärker auf, wenn etwas nicht mehr so ist, wie es war, seit wir uns erinnern können. Insekten sterben, und das in alarmierender Zahl. Tiere wie Schwebfliegen und Wespenspinnen sind uns nicht so nah wie Kaninchen oder Rotkehlchen, wenig bekannt und oft keine Sympathieträger. Doch wovon ernähren sich dann die Vögel, die wir im Garten so schätzen? Auch ihre Zahlen sinken. Je mehr verloren geht, desto mehr wird uns der Wert dessen, was einmal gewesen ist, bewusst.

Daher hilft: Hinschauen. Aufmerksam betrachten, was da im Garten vorgeht. Auch hinter die Borke, unter die Erde, in das Samenkorn gucken. Den großen Schatz erkennen und den Wert, den selbst Winziges wie das Ei eines Schmetterlings oder ein mikroskopisches Bodenlebewesen hat. Alles hat seinen Platz und seine Aufgabe in dem Gefüge, das sich über Jahrtausende entwickelt hat und funktioniert. Dazu ist es wichtig, Zusammenhänge zu erkennen. Denn so idyllisch der Garten auch wirken mag: Hier spielen sich ungeahnte Kämpfe ab, bei denen es ums Überleben geht. Pflanzen wetteifern um die besten Plätze in dem Bestreben, möglichst viel Licht abzubekommen. Das Spinnennetz, achtlos zerrissen, wurde unter Mühen gesponnen, um Nahrung einzufangen. Bienen fliegen unermüdlich von Blüte zu Blüte, um ihre Nachkommen füttern zu können. Vögel verteidigen ihr Revier in dem Bestreben, einen der selten gewordenen Nistplätze zu ergattern.

Wer das weiß und erkennt, kann besser entscheiden, was er in seinem Garten tun will. Wo und wie er eingreift. Wo die eigenen Vorstellungen Priorität haben und wo sie vielleicht zugunsten des bestehenden Gefüges in den Hintergrund treten könnten. Auch wenn die Brennnessel nicht zu den Lieblingsgewächsen gehört, kann sie in einer Gartenecke leben und dort Nahrung für Schmetterlingsraupen bieten. Möglichkeiten gibt es viele. Selbst wenn es nur ein bisschen ist: Wenn viele etwas tun, kann das schon eine ganze Menge bewirken!

ERSTFRÜHLING

DER GARTEN WIRD BUNT.

*Forsythien und Narzissen blühen gelb, Küchenschellen rosa,
Tulpen in vielen Farben. Buschwindröschen bilden
weiße Teppiche, Obstbäume verwandeln sich in zarte Wolken,
wenn sie ihre Knospen öffnen. Beerensträucher und
Birken bekommen im Erstfrühling Blätter, etwas später
folgen Rosskastanien, Ahorn und Linden.*

DIE FORSYTHIE STEHT IN VOLLER BLÜTE.

WAS SEHE ICH?

Blüten in allen Farben. Grüne Blättchen an den Zweigen, ungebetene Kräuter im Gemüsebeet. Bienen, Erdkröten und vielleicht Borkenkäfer.

WAS SEHE ICH NICHT?

Saftmale, die die ersten Bienen in Blüten locken. Die ätherischen Öle, die die Luft mit Düften erfüllen. Pflanzenzellen, die sich jetzt munter teilen.

LANGE GENUG hat es gedauert. Doch jetzt ist der Frühling wirklich da. Den Anfang haben vor Wochen Winterlinge und Schneeglöckchen gemacht. Wertvoll waren diese ersten Blüten – vor allem für die Tiere, aber auch fürs menschliche Gemüt. Doch nun ist kein Halten mehr.

Dies ist die Zeit der Zwiebelblumen: Tulpen verwöhnen mit Rot, Orange und Lila – mit Farben, die in den Wintermonaten beinahe in Vergessenheit geraten waren. Narzissen leuchten gelb oder halten sich mit edlem Weiß zurück. Seit dem Vorfrühling blüht nun auch die Netzblatt-Iris. Manche Sorten sind dunkelviolett, andere himmelblau. Dezenter als andere, knallige Zeitgenossen ist die Küchenschelle in Lila oder Hellrot, die jetzt Bienen und Hummeln anlockt. Und auch grüne Blüten gibt es: Die Mittelmeer-

Wolfsmilch, die in der kalten Jahreszeit ihr Laub behalten hat, trägt nun an jedem Trieb einen hellgrünen Schopf. An den Lenzrosen stehen noch die Blüten aus dem Winter. Sie hängen nicht mehr herab, um ihren Pollen vor Regen zu schützen, sondern haben sich aufgerichtet. Ein Zeichen, dass sie bestäubt worden sind. Die Kelchblätter bleiben ansehnlich, auch wenn die Samen schon reifen.

Doch auch **die kleinen Dinge** zählen. An den Rosen treiben erste Blättchen aus, zunächst noch winzig, dennoch stimmen sie froh. Alles wächst! Hier und da ist noch eine vereinzelte Blüte aus dem Vorjahr zu finden – bald schließt sich der Kreis, wenn neue Knospen kommen. Selbst wenn sich schon frisches Grün zeigt: Nun ist es Zeit, die Edelrosen zu schneiden. Zur Forsythienblüte ist die kälteste Zeit vorbei, die Rose mobilisiert all ihre Kräfte für den Austrieb. Kappt man die Zweige, beginnt das Wachstum an den schlafenden Augen weiter unten an der Rose.

Auch die Akelei macht glücklich: Ihre sich langsam entrollenden jungen Blätter ähneln Jugendstil-Ornamenten. Wenn sie dann noch von Regen- oder Tautropfen benetzt sind, gleichen sie kleinen Juwelen. Nicht immer keimt sie jedoch da, wo man sie haben will. Zum Beispiel im Gemüsebeet. Dort stehen noch letzte Spinatpflanzen, die den Winter überdauert haben und jetzt zu kräftigen Büscheln heranwachsen – sie müssen schnell geerntet werden, ehe sie hochschießen. Auf freien Flächen haben sich in den letzten Monaten Ehrenpreis, Gartenschaumkraut und Gräser angesiedelt. Sie müssen nun leider weichen, denn jetzt kann gesät werden: Erbsen, Radieschen und Spinat, auch Pflücksalate und Mangold kommen in die Erde. Im Gegensatz zu Bohnen brauchen sie keine Wärme, um zu keimen.

NEUES LEBEN

Wenn ein Samenkorn in die Erde kommt, quillt es auf. Manchmal geht das schnell, manchmal dauert es aber auch– eine solche Dormanz genannte Ruhe kann mehrere Jahre dauern. Was nicht sofort sprießt, erspart es sich, bei ungünstiger Witterung groß werden zu müssen. **Samen** von Christrosen zum Beispiel brauchen einen Kältereiz, erklärt Patrick Knopf, Direktor des Botanischen Gartens Rombergpark in

Dortmund. Sie keimen erst, wenn der Winter vorbei ist, denn ein junger Sämling würde Eis und Schnee nicht überleben. Gärtner können sich dieses Wissen zunutze machen und die Saat stratifizieren, das heißt, für eine Zeit in feuchten Sand gepackt im Kühlschrank aufbewahren. Die Schale solcher Samen wird durch Frosteinwirkung porös, sodass das Wasser eindringen kann.

Bei vielen Pflanzen wie Radieschen, Erbsen oder Sonnenblumen funktioniert das auch ohne kalte Temperaturen. Das Wasser dringt ins Samenkorn ein und lässt den Keim aufquellen. Eine Wurzel schiebt sich ins Erdreich, dann beginnt der Spross zu wachsen. Im Garten geschieht dies im Idealfall so, wie der Mensch es haben möchte, etwa in schönen Reihen im Gemüsebeet. Doch meist versamen sich Pflanzen ohne gärtnerisches Zutun: Wildkräuter, Gräser, Gehölze wie auch Stauden wachsen dort, wo die Saat landet und passende Lebensbedingungen vorfindet. Denn an dem Ort, wo sie keimen, stimmen für sie die Beschaffenheit des Bodens, die Menge von Licht und Wasser und die Temperatur.

Was sich von selbst ansiedelt, ist besser eingewurzelt als alles, was angepflanzt wird. Denn ein Keimling entwickelt eine Hauptwurzel, die tief in die Erde reicht. Eine Eiche, die von alleine keimt und einwurzelt, steht fest und kann uralt werden. Gehölze aus der Baumschule dagegen, die verschult – also mehrfach umgepflanzt– wurden haben oft Wurzeln, die wie die Borsten von Rasierpinseln in alle Richtungen gehen. Damit werden sie nie so standhaft wie Sämlinge, sagt Patrick Knopf. Was vom Gärtner gepflanzt wird, muss mit dem Platz vorliebnehmen, der dafür ausgesucht wurde – dann wächst die Pflanze gut, mittelprächtig oder geht ein.

TIERE KEHREN ZURÜCK

Auf den Primeln sitzen jetzt schon erste Zitronenfalter. Auch viele Bienen und Wollschweber sind unterwegs. Die Kätzchen der Salweide bieten dem Großen und Kleinen Fuchs, Tagpfauenauge und C-Falter Nektar. Am Pfaffenhütchen und Schneeball sind jetzt die ersten Läuse zu sehen: Die **Schwarze Bohnenlaus** hat dort im Herbst ihre Eier abgelegt. Sie vermehrt sich in den nächsten Wochen rasant. Im

THEMA: WACHSTUM
DR. PATRICK KNOPF

EINE ZELLE IST FÜR DAS GESAMTE WACHSTUM EINER
PFLANZE VERANTWORTLICH.

In jeder Knospe oder Triebspitze, in jedem Samen, in jeder Blumenzwiebel gibt es eine Scheitelzelle oder einen Vegetationskegel, der unter dem Mikroskop wie ein winzig kleiner Zuckerkegel aussieht. Algen, Moose und Farnpflanzen haben oben eine Scheitelzelle. Diese eine Zelle macht das gesamte Wachstum einer Pflanze aus! Samenpflanzen haben dagegen ein meristematisches, das heißt teilungsfähiges Gewebe. Dieses teilt sich und sondert weitere Zellen ab, bleibt aber immer oben an der Spitze. Es gibt verschiedene Wachstumsarten. Beim Breitenwachstum wird der Spross dicker: Die Zellen teilen sich von oben nach unten, aus einer werden zwei, sie füllen sich mit Flüssigkeit und dehnen sich aus. Für das Längenwachstum teilen sich die Zellen meist nicht, sondern sie verlängern sich einfach. Das kann sehr schnell gehen: Ein Zentimeter Gewebe kann am nächsten Morgen schon viermal so lang sein. Teilungsfähige Zellen hält die Pflanze im ganzen Körper vor, zum Beispiel die »schlafenden Augen«. Deswegen können wir Gehölze auch zurückschneiden: Sie treiben einfach wieder aus. Theoretisch ist das Wachstum von Pflanzen unendlich. Eine Geranie zum Beispiel können Sie immer wieder durch Stecklinge verjüngen, bis zum Ende aller Zeit. In der passenden Umgebung lässt sich teilungsfähiges Gewebe immer wieder verjüngen. Das macht die Pflanze quasi unsterblich.

Frühsommer fliegen die ersten der Läuse auf Gemüsepflanzen wie Bohnen und Rote Bete, aber auch auf Zaun-Wicken (→ Seite 58). Erst im Spätsommer kehren sie zu Pfaffenhütchen und Schneeball zurück. Dort werden dann männliche und weibliche Läuse geboren, die sich paaren. Ihre Eier, die Generation des kommenden Jahres, überdauern den Winter auf den Gehölzen.

Auch die **Borkenkäfer** tauchen bald aus der Winterruhe auf. Nicht nur im Wald, auch im Garten können sie auftreten. Besonders in geschwächten Bäumen finden Käfer wie der Buchdrucker Lebensraum, zum Beispiel an Fichten, Douglasien oder Lärchen. Manche von ihnen sind frisch geschlüpft und suchen sich an warmen Tagen neue Bäume. Die Käfer nagen sich in die Borke und starten die erste von bis zu drei Generationen pro Jahr. Der Baum reagiert mit Harz, an dem die Tiere zunächst kleben bleiben. Doch können sie aus dem Harz Duftstoffe produzieren, die wiederum neue Käfer anlocken. Unter der Borke legen sie ihre charakteristischen Gänge an. Wird der Platz knapp, wandeln sie die Duft- in Abwehrstoffe um, sodass Nachzügler einen anderen Baum aufsuchen. Mit dem Käfer gelangen Pilze in das Holz, die zusätzlich schwächen. Borkenkäfer können sich rasant vermehren. Sollen die umstehenden Gehölze nicht geschädigt werden, bleibt meist nur, den befallenen Baum zu beseitigen, damit sich die Tiere nicht weiter ausbreiten.

Kröten sind unterwegs

Auch anderes Leben regt sich im Garten: Die Amphibien sind aus ihrem Winterversteck gekommen. Kröten und Frösche sind hungrig, vertilgen jede Menge Regenwürmer, aber auch junge Schnecken im Garten. Jetzt machen sie sich bereit für die Fortpflanzung. **Grasfrösche** kommen aus ihren sicheren Plätzen tief am Boden des Teichs, wo sie den Winter verbracht haben. Sie bleiben meist im angestammten Gebiet, und ihr Quaken ist nun oft zu hören. Die Weibchen geben Laichballen ab, die rund 2000 Eier enthalten können. Aus ihnen schlüpfen binnen Tagen oder Wochen die Kaulquappen.

← Zitronenfalter sind schon früh im Jahr unterwegs. Bald suchen sie sich einen Partner für die Fortpflanzung. Die neuen Raupen schlüpfen dann im Frühsommer.

DIE FARBE EINER BLÜTE LIEGT IM AUGE DES BETRACHTERS.

Noch früher unterwegs sind meist die **Erdkröten**, oft schon seit dem Vorfrühling. Sie gehen auf Wanderschaft und suchen ein Gewässer, in dem sie laichen können. Unterwegs sammeln die Weibchen manchmal schon Männchen ein, die sie dann huckepack tragen. Die Männchen sind kleiner und haben einen ausgeprägten Klammer-Reflex: Wenn sie eine Kröte erwischen, lassen sie diese so schnell nicht mehr los. Am Gewässer angekommen, laichen die Weibchen – sie geben Schnüre mit mehreren Tausend Eiern ab, die von den Männchen befruchtet werden. Je nach Temperatur entwickeln sich daraus binnen weniger Tage Kaulquappen. Um sich zu schützen, schwimmen sie in großen Schwärmen, werden aber von Fischen wie dem Hecht oder auch von Insektenlarven gefressen. Etwa drei Jahre braucht ein Tier, um erwachsen zu werden und sich das erste Mal zu paaren. Ausgewachsene Kröten schützen sich durch ein giftiges Hautsekret vor Fraßfeinden. Wer trotzdem zubeißt, riskiert Lähmungserscheinungen. Der größte Feind frisst aber nicht, er fährt Auto: Die meisten Erdkröten sterben auf der Wanderung, wenn sie eine Straße queren.

ES WIRD BUNT

Monatelang hat sich der Garten dezent in Braun- und Grautönen gehalten, aber jetzt wird es wieder richtig bunt. Doch sind die farbenfrohen Blüten nicht nur optischer Genuss für Menschen. Färbung – und Duft – dienen dazu, Bestäuber anzulocken, damit sich die Pflanze vermehren kann. Der Farbeindruck entsteht durch spezielle Stoffe in den Zellen: Flavonoide und Carotinoide.

- Zu den Flavonoiden gehören zum Beispiel die Anthocyane, die meist mit intensiven **Rot- und Violetttönen** in Verbindung gebracht werden, etwa von Rotkohl oder Brombeeren. Anthocyane färben außerdem Rittersporn und

Salbei, Malven und Veilchen blau. Sie können jedoch auch das Rot der Erdbeeren hervorrufen und das knallige Orangerot des Klatschmohns.

- Die Farbe **Weiß** entsteht durch verschiedene Flavonoide. Einige von ihnen absorbieren oder reflektieren UV-Licht, was das menschliche Auge nicht wahrnehmen kann, für Bienen jedoch von Bedeutung ist. Flavonoide sind wasserlöslich; je nachdem, in welcher Mischung sie in den Pflanzenzellen vorliegen, ändert sich der Farbton der Blüte. Auch Gelb wird durch diese Stoffe erzeugt, zum Beispiel der zarte Ton der Schlüsselblume.

- Viele der intensiveren **Gelbtöne** gehen jedoch auf Carotinoide zurück: Narzissen und Ringelblumen, Löwenzahn und Sumpfdotterblumen verdanken ihre Farbe Stoffen wie Beta-Carotinen, Lycopinen oder Xanthophyllen. Sie alle sind fettlöslich und innerhalb der Zelle in Öl oder in Plastiden (Zellbestandteile) gelagert. Je mehr vorhanden sind, desto intensiver und dunkler wirkt das Blütenblatt.

- Auch die Farbe **Grün** ist nicht immer nur in Laub und Halm zu finden. Bei Schneeglöckchen und Märzenbechern, bei einigen Tulpen und Helleborus bestimmt sie zudem die Färbung oder Zeichnung der Blüte. Grün entsteht durch Chlorophyll in den Zellen.

DIE ERDHUMMEL IM ERSTFRÜHLING

Immer wieder sind einzelne Hummeln zu sehen: Die Dunkle Erdhummel ist nur eine von rund 70 in Europa beheimateten Hummelarten und bei uns weit verbreitet. Jetzt kommen die Königinnen aus der Winterruhe.

Und doch ist die Blütenfarbe durch nichts anderes als die Reflexion von Licht bedingt. Licht ist eine elektromagnetische Strahlung mit Wellen unterschiedlicher Längen. Die Rezeptoren des menschlichen Auges sind nur für ein bestimmtes Spektrum davon empfänglich – Infrarot und Ultraviolett gehören beispielsweise nicht dazu. Eine Blüte oder ein Grashalm absorbiert nur einen Teil des jeweils einfallenden Lichts, der Rest wird reflektiert. Grün erscheint der Halm dadurch, dass die Pflanzenzellen alle Spektralfarben bis auf Grün absorbieren. Dieses wird zurückgeworfen: Das Blatt erscheint uns grün.

Signale für Bienen

Für Bienen hingegen sieht der Garten ganz anders aus. Statt dottergelber Butterblumen sehen sie eine weiße Blüte mit rotem Zentrum. Denn sie nehmen ein anderes Spektrum wahr als wir – kurzwelliges UV-Licht gehört dazu, langwelliges Rot nicht. Das für uns so lebendige Grün im Garten erscheint Bienen vermutlich grau.

Dafür treten für sie die sogenannten **Saftmale** in den Vordergrund, die unser Auge kaum erkennen kann. Dabei handelt es sich um Blütenbereiche, die das UV-Licht absorbieren und sich daher dunkler vom Rest der Blüte abheben. Ein Zeichen für die Biene, dass hier etwas zu holen ist. Bei genauerem Hinsehen lässt sich bei der Butterblume ein feiner Unterschied in der Struktur des Blütenblatts erkennen, das zum Zentrum hin dicker und glänzender wirkt. Unter der UV-Lampe kann die Wahrnehmung der Biene nachempfunden werden: Die Saftmale wirken andersfarbig als der Rest der Blüte.

Wo es dunkler ist, scheinen große Mengen an Pollen zu warten – das lockt die Insekten an. Beim einfarbig gelben Winterling sehen Bienen intensiv rote Staubbeutel auf rötlich-weißen Blütenblättern. Die Schwarze Königskerze, für uns gelb mit rötlichen, behaarten Staubblättern, hat ebenfalls eine helle Blüte, vor der sich die dunklen Staubblätter abheben. Ähnlich ist es beim Leberblümchen. Ringelblumen werden im Inneren immer dunkler, bei dem für uns himmelblauen Wiesen-Storchschnabel leiten dunkelrote Adern auf weißen Blütenblättern den Weg ins Zentrum. Die Nachtkerze, in unseren Augen zitronengelb, trägt für Bienen ebenfalls weiße Blüten mit einer dunklen Zeichnung, die zu den Staubbeuteln führt. Und beim Fingerhut erscheint der Rand der gefleckten Unterlippe hell und lockt die begehrten Bestäuber mit vielversprechenden, dunkleren Flecken in das Innere des Kelchs.

DER GIERSCH IM ERSTFRÜHLING

Zartes, frisches Grün entfaltet sich im Beet: Der Giersch sprießt. Ganz weich sind seine Blätter. Sie sind essbar, haben jetzt nur wenig Aroma, zergehen aber fast auf der Zunge. Ob es den Giersch in seinem Ausbreitungsdrang schwächt, wenn er stetig geerntet wird?

Manche Pflanzen zeigen auch durch ihre Farbe an, wenn nichts mehr zu holen ist. Das Lungenkraut, zu dem gerne die Frühlings-Pelzbiene kommt, blüht zunächst violett, später wird es blau. Bei der Frühlings-Platterbse ist es genauso. Die Blüten der Rosskastanien später im Frühjahr haben zunächst einen gelblichen Fleck, den Carotinoide einfärben. Wenn der Nektar verbraucht ist, übernehmen die Anthocyane, und der Fleck wird rot. Die Farbe ist ein Zeichen für Bienen und Hummeln, dass sie diese Blüte nicht mehr anzufliegen brauchen.

Buhlen um Bestäuber

Bienen und Hummeln sind die wichtigsten Bestäuber. Aber auch Schmetterlinge übernehmen diese Aufgabe. Sie fliegen beispielsweise auf Phlox und Tag-Lichtnelken, auf Rote Spornblumen und das Wiesen-Schaumkraut. Nachtfalter bestäuben die Nachtkerze, Zaun-Winden sowie Türkenbund-Lilien. Fliegen landen gerne auf Dolden, zum Beispiel Holunder, sind aber auch Bestäuber bei Fallenblumen wie dem Aronstab (→ Seite 48). Hin und wieder verirren sich zudem Käfer auf Blüten, meist bei flachen Dolden wie der Wilden Möhre. Stets besteht ein Zusammenhang zwischen Mundwerkzeug, dem Rüssel, und Blütenform. In anderen Regionen der Erde spielen auch Kolibris und Fledermäuse eine Rolle bei der Bestäubung.

AROMEN IN DER LUFT

Doch auch noch etwas ganz anderes spielt eine Rolle bei der Bestäubung: der Duft. Schon im Winter machen die Chinesische Winterblüte und die Fleischbeere auf sich aufmerksam. Jetzt sind es die Hyazinthen, deren **betörender Duft** weit durch die Lüfte trägt. Aber auch Narzissen versuchen mitzuhalten. Dichter- und Engelstränen-Narzissen verbreiten einen zarten Wohlgeruch. Bald kommen die Veilchen, die so klein vom Wuchs und doch so groß in der Wirkung sind. Und dann trennen uns nur noch wenige Wochen von Maiglöckchen und den ersten Rosen. Um besonders erfolgreich zu sein, setzen manche Blumen auf die Kombination von Farbe und Duft. Dadurch wird der Reiz, sie anzufliegen, verdoppelt.

WIE
ENTSTEHT DER
DUFT?

Pflanzen stellen in ihren Zellen ätherische Öle her, die spezielle Dufststoffe wie Cumarine oder Amine enthalten. Sie werden nach und nach von der Blüte abgegeben und verflüchtigen sich in der Luft. Der so entstehende Duft bringt die Bestäuber auf die richtige Fährte.

So verführerisch und leicht er wirkt, so notwendig ist der Duft für die Pflanzen. Denn er bringt die Insekten auf den richtigen Weg. Ausgesendet werden Aromen, die sich irgendwann einmal als erfolgreich erwiesen haben: Mit diesem Geruch lassen sich besonders viele Bestäuber anlocken. Bei den meisten Blumen ist es ein Duft, der auch Menschen gefällt. Mitunter werden aber auch Aas- oder Fäkalgerüche imitiert, zum Beispiel vom Aronstab. Solche Pflanzen arbeiten mit Bestäubern zusammen, die sonst auf verrottendes Fleisch oder Kot fliegen und dort ihre Eier ablegen. Duft oder Gestank – diese Unterscheidung gibt es in der Natur nicht.

Hat ein Insekt zur Blüte gefunden, sucht es in erster Linie Nahrung, manchmal auch einen Unterschlupf. Pollen, die als Vorrat eingesammelt werden, enthalten Proteine, dazu Fette und Zucker. Der süße Nektar kommt aus Drüsen, die meist direkt in der Blüte sitzen, und besteht aus Zuckerarten wie Saccharose (Rohrzucker), Fruktose (Fruchtzucker) und Glukose (Traubenzucker), aber auch aus Vitaminen und Lipiden – eine Nahrung, die den Tieren direkt Energie fürs Fliegen gibt.

← Der Große Wollschweber ist im Landeanflug auf eine Blüte. Mit seinem langen Rüssel kann er an Nektar gelangen, der für andere Insekten zu tief verborgen liegt.

MANCHMAL TUT'S AUCH DER WIND

Nicht immer sind Insekten im Spiel. Manche Pflanzen lassen den Wind die Bestäubung übernehmen, dazu gehören Bäume wie Hasel, Erlen, Birken und Hainbuchen, aber auch

Pappeln, Koniferen und Gräser. Sie blühen meist, ehe sich das Laub entfaltet, und setzen jede Menge Pollen frei. Hier geht es um Masse. Bei Kieferngewächsen ist es oft so viel, dass bei jedem noch so kleinen Windstoß ein regelrechter Schwefelregen niedergeht. Diese Pollen können bei Menschen Allergien auslösen.

Manche **Pflanzen bestäuben** sich auch selbst – meist nur im Notfall, wenn kein Insekt vorbeikommt. Welkt beim Schneeglöckchen schon die Blüte, obwohl noch Pollen vorhanden ist, fällt dieser auf die Narbe. Besser eine Eigenbefruchtung als gar keine. In anderen Fällen kann Selbstbestäubung von Vorteil sein, etwa wenn sich eine Pflanze als Erste an einem neuen Ort etabliert. Oder wenn durch ungünstige Wetterlagen die Insekten auszubleiben drohen. Gerste und Weizen verfolgen diese Strategie, Grüne Bohnen ebenso. Doch bei ihnen wird durch Insekten immerhin auch eine kleine Menge Fremdpollen auf die Blüte gebracht. So gibt es immer wieder leichte Variationen im Erbgut.

**DIE ERDHUMMEL
IM ERSTFRÜHLING**

Die Hummelkönigin sucht zunächst einmal nach Nahrung, um zu Kräften zu kommen, bald aber auch einen Nistplatz. Ideal sind Erdlöcher, die andere Tiere wie Mäuse hinterlassen haben, oder Mulden unter Steinen.

ALLES IN EINEM KORN

Um fortbestehen zu können, ist es von Vorteil, das Erbmaterial immer wieder neu zu kombinieren. Dafür sind die Blüten da: Hier findet die **sexuelle Fortpflanzung** statt. Der Pollen, den Insekten oder der Wind herbeitragen, enthält Spermien, die die Eizelle befruchten. Daraus entsteht ein Embryo, der zusammen mit dem Nährgewebe den Samen bildet. Dieser enthält alle Informationen, um die Pflanze heranwachsen zu lassen. Sie ist bereits komplett in dem Körnchen angelegt. Die sexuelle Fortpflanzung ermöglicht eine neue Zusammenstellung von Genen, die Rekombination.

Und die ist wichtig, denn einem Gewächs, das sich alleine nicht vom Platz bewegen kann, bleibt nur, sich größtmögliche Überlebenschancen zu schaffen. Etwas andere Gene als die Elternpflanze zu haben, ist von Vorteil, zum Beispiel, wenn ein Same durch Vögel in ein anderes Umfeld gerät – eines, das schattiger oder feuchter ist. Auch wenn sich Bedingungen langfristig verändern, das Wasser knapp wird oder die Temperaturen steigen, gilt: Je größer die Bandbreite an Erbinformationen, desto höher die Wahrscheinlichkeit, dass der Fortbestand gesichert ist.

WAS WÄCHST WO?

Tulpen, die jetzt blühen, überleben am besten, wenn der Boden durchlässig ist und im Sommer so richtig durchtrocknet. Wo das nicht gegeben ist, werden die Zwiebeln idealerweise aus der Erde geholt und an einem warmen, trockenen Ort gelagert. Gelbe Narzissen dagegen mögen es feuchter. Sie wachsen auch in der Wiese und können den Sommer über in der Erde bleiben. Ein Blick auf die Herkunft hilft, die Pflanzen besser zu verstehen.

Wildtulpen, aus denen die heutigen Zuchtformen hervorgehen, stammen ursprünglich aus Vorder- und Zentralasien, wo sie trockene Sommer und kalte Winter gut geschützt im Boden überdauern. Die Gelbe Narzisse ist im westlichen Europa heimisch – in der Eifel gibt es beispielsweise noch Wildbestände. Sie kommt auf feuchten Wiesen und an Bachrändern vor. Daher fühlt sie sich auch in feuchteren Gartenbereichen wohler als eine Tulpe. Andere Narzissen wiederum lieben es gleichfalls trockener – zum Beispiel *Narcissus asturiensis* aus den Bergen Asturiens.

Herkunft ist aber auch gleichbedeutend mit dem Lebensraum, in dem eine Pflanze in der Natur bevorzugt wächst. Bei der Narzisse ist es die feuchte Wiese, bei der Tulpe ist es meist karges, gebirgiges Land. Fast überall sprießt etwas, selbst in den ungünstigsten Situationen – in Felsritzen, an schattigen Mauern, auf kargen, trockenen Böden oder an steinigen Felshängen in exponierter Lage.

DER GIERSCH IM ERSTFRÜHLING

Im Garten erscheint immer mehr Giersch. Roh schmeckt er gut im Salat oder auch im Smoothie, gekocht passt das Kraut zu Pasta oder in Aufläufe. Es lässt sich kurz anbraten, wie Spinat oder Asiasalate, und auch prima mit Öl zu Pesto pürieren.

Der beste Platz

Pflanzen haben bestimmte Lebensbereiche. Farne gedeihen im Wald, Storchschnäbel am Gehölzrand. Auf freien Flächen ohne Schatten wachsen je nach Trockenheit des Bodens Schafgarbe, Brandkraut, Sonnenhüte und Indianernesseln. In der Nähe von Gewässern sind Mädesüß und Sumpfdotterblumen zu finden, im Wasser selbst Teichrosen. Wo es karg und steinig ist, leben Dachwurze, auf feuchterem Grund auch Polsterstauden wie Steinbrech. Dann gibt es aber auch noch einen vom Menschen gemachten Standort: das Beet. Hier ist der Boden meist gut, Konkurrenz wird durch gärtnerische Hand ausgeschaltet. So können sich zum Beispiel Pfingstrosen, Phlox und Rittersporn entfalten.

Buschwindröschen mögen lichten Schatten unter Laubbäumen. Sie treiben Blüten und Blätter aus den Rhizomen. Später im Jahr ist von ihnen nichts mehr zu sehen. →

Mit den **Lebensbereichen** von Pflanzen hat sich eingehend der Gartenbauwissenschaftler Richard Hansen befasst und eine Systematik erarbeitet. In den 1980er-Jahren erschienen, gilt »Die Stauden und ihre Lebensbereiche« von Hansen und Friedrich Stahl noch heute als Standardwerk. Hansens Ziel war es, eine wissenschaftliche Grundlage für die Verwendung von Stauden zu schaffen. Er listete auf, was wo wächst: unter Gehölzen, am Gehölzrand, auf Freiflächen, auf Steinanlagen, am Wasserrand, im Wasser und schließlich im Gartenbeet. Noch heute orientieren sich nicht nur Fachleute an dieser Einteilung, Gärtnereien sortieren ihre Pflanzen entsprechend den Standorten, und selbst im Garten spielen solche Überlegungen immer öfter eine Rolle. Denn unter hohen Bäumen will der Rittersporn nun einmal nicht wachsen, und der Waldmeister ist in der vollen Sonne ebenso fehl am Platz.

Aber wie lebt es sich dort?

Den richtigen Ort für eine Pflanze zu finden, ist aber nur ein Aspekt. Denn einmal angekommen, blüht, wächst und gedeiht sie dort auf ihre ganz eigene Weise. Manch eine legt schnell los, wird flugs groß und bildet Hunderte von Samen. Die keimen nicht nur an den Stellen, wo es gerade ins ästhetische Konzept passt, sondern auch in jeder Ritze. Dem Spanischen Gänseblümchen mag man das vielleicht gerne

nachsehen, bei der Katzenminze sieht es möglicherweise schon anders aus. Andere brauchen deutlich länger und werden nur unter guten Bedingungen groß, der Wasserdost zum Beispiel. Haben sie es dann aber geschafft, leben sie lange und setzen sich gegenüber anderen Pflanzen durch. Und dann gibt es noch diejenigen, die an den schwierigsten Plätzen gedeihen, wo sich sonst kaum etwas hält: kleine Nelken im kargen Geröll oder Leberblümchen im dunklen Schatten. Pflanzen haben ganz unterschiedliche Strategien, um zu überleben.

TYPEN UND STRATEGEN

Mit diesen Strategien beschäftigt sich auch die wissenschaftliche Forschung und kategorisiert Pflanzen: Wie setzen sie sich durch? Und wie gehen sie mit Stress um? Der Brite John Philip Grime hat schon in den 1970er-Jahren ein Modell entwickelt.

➜ Pflanzen, die sich gut durchsetzen können, nennt er **C-Strategen**, c vom englischen »competitive«, konkurrenzfähig. Sie brauchen gute Startbedingungen, aber dann legen sie los und lassen anderen, schwächeren kaum Raum. Staudenknöterich gehört dazu, aber auch der Knöterich 'Johanniswolke'.

- **S-Strategen** dagegen sind die Stresstoleranten: Sie halten es aus, wenn es zu wenig Sonne oder zu viel Wärme gibt, wenn der Boden zu nass oder zu trocken ist, wenn es windig ist, eisig oder die Erde besonders wenig Nährstoffe enthält. Sie lassen es langsam angehen und brauchen ihre Zeit. Meist bleiben sie klein, manchmal haben sie behaartes Laub, das sie vor der Sonneneinstrahlung schützt. So zum Beispiel bei Grasnelken. Manche gehen dem Stress lieber aus dem Weg. Sie grünen und blühen, wenn es nicht viel Konkurrenz gibt. Dazu gehören Zwiebelpflanzen wie die Schachbrettblumen, die zeitig im Frühjahr starten.
- Die dritte Gruppe sind die **R-Strategen**, Ruderalpflanzen, die auf den vom Menschen verursachten Schutt- und Brachflächen gedeihen. Sie kommen dort gut zurecht, wo der Boden gestört wird, sei es durch Mähen oder Hacken. Diese Strategen haben es meist eilig: Sie wachsen schnell nach (Gräser!) oder sind kurzlebig und produzieren viele Samen wie Königskerzen.

Nur wenige Pflanzen gehören eindeutig in eine dieser Hauptkategorien, die meisten stehen als Mischform irgendwo dazwischen. Doch wer die Pflanzen besser kennenlernt und weiß, wie sie sich verhalten, erspart sich manche Überraschung: vom Kerzenknöterich überrannte Pechnelke oder unzählige Fingerhutsämlinge zwischen dem Thymian. Im guten Gartenbeet mit reicher Erde tun sich zum Beispiel solche Gewächse schwer, die Trockenstress gewöhnt sind. Hier haben die Durchsetzungsfähigen, wie zum Beispiel die Brennnessel, einen klaren Vorteil.

UNSICHTBARE KÄMPFE

Im Garten ist also nicht alles so friedlich, wie es scheint. Auch wenn es mit bloßem Auge kaum zu erkennen ist: Hier findet ein Kampf ums Überleben statt. Nicht nur bei den Tieren, bei denen es um Fressen oder Gefressenwerden geht. Auch Pflanzen konkurrieren: um Nährstoffe, Licht und Wasser. Wer zuerst da ist, schlägt Wurzeln und hofft, nicht überschattet, abgefressen, totgetreten oder gejätet zu werden. Ziel ist, am Leben zu bleiben und sich zu vermehren – im Idealfall durch Samen, aber auch vegetativ durch Ausläufer oder Ableger. Manchmal siedeln sich aber auch unerwünschte Nachbarn an, die sich einfach nicht abschütteln lassen.

Unfreiwillige Gemeinschaft

Unter hohen Gehölzen blühen jetzt die **Buschwindröschen**. In Laubwäldern, wo sie typischerweise vorkommen und ganze Flächen weißer Blüten bilden, nutzen die Frühstarter die Zeit aus, in der noch viel Sonne auf den Erdboden fällt. Die Blüten locken Schwebfliegen und Bienen an, aber auch Käfer holen sich den Pollen. Nach Befruchtung und Samenbildung zieht die Pflanze den Sommer über ein, um dann im nächsten Frühjahr aus einem unterirdischen Rhizom erneut hervorzusprießen.

Dass jetzt in der Nähe der Buschwindröschen häufig Pilze mit schalenförmigen, braunen Hüten zu sehen sind, ist kein Zufall. **Anemonenbecherlinge** leben parasitisch mit den Pflanzen. Unter der Erdoberfläche sind beim Graben schwarze, verdickte Gebilde zu sehen: Das ist das Myzel des Schlauchpilzes, das Sklerotium. Damit dringt er ins Rhizom des Buschwindröschens ein und zieht Nährstoffe daraus. Im Frühjahr sprießen aus dem Sklerotium die Fruchtkörper – die braunen, jetzt sichtbaren Pilze. Becherlinge schwächen Buschwindröschen, die aber dennoch fortbestehen können. Sonst würde auch der Pilz nicht überleben. Vielleicht gibt es eine neue Chance an einem neuen Ort. Denn das Buschwindröschen breitet sich nicht nur über seine Wurzelstöcke aus, sondern auch dank der Ameisen. Da die Samenkörner ein nahrhaftes Anhängsel haben, das Elaiosom (→ Seite 125), werden sie nur zu gerne in den Ameisenbau transportiert. Dort keimen sie später aus. Ein neuer Buschwindröschen-Bestand bildet sich.

DER GIERSCH
IM ERSTFRÜHLING

Aus Giersch lassen sich Brotaufstriche herstellen, mit seinem Grün werden Maultaschen oder Lasagne gefüllt. Doch ganz gleich, wie viel geerntet wird: Er produziert weitaus mehr Blattmasse, als gegessen werden kann. Das Pflücken spornt ihn eher an, statt ihn zu schwächen.

29

2.

VOLLFRÜHLING

APFELBÄUME UND FLIEDER ÖFFNEN
IHRE KNOSPEN.

*Die Süßkirschen stehen jetzt in voller Blüte. Auf den Wiesen
wird es gelb vom Löwenzahn. Hainbuchen und Eichen,
aber auch Weinstöcke treiben Laub aus. Die Rosskastanien
sind bald voller weißer oder roter Blütenkerzen, und
die Ebereschen tragen weiße Schirmrispen. Hier und da hört
man den Kuckuck rufen. Kurz: Der Vollfrühling ist da.*

JETZT IST DER FRÜHLING VOLL IM GANGE.

WAS SEHE ICH?

Blütenblätter überall, Tauperlen auf dem Frauenmantel, Schnecken mit und ohne Gehäuse, dazu die urzeitlichen Sporentriebe des Schachtelhalms.

WAS SEHE ICH NICHT?

Vögel, die vor Morgengrauen singen. Larven des Dickmaulrüsslers, die sich von Wurzeln ernähren, und Nemato-den, die von diesen Larven leben.

AUFBRUCHSTIMMUNG! Überall im Garten tut sich etwas. Knospen brechen auf, grünes Laub entfaltet sich. Obstbäume verwandeln sich in weiße Wolken, wenn sie ihre Blüten öffnen. In der Luft summt es, endlich gibt es Nektar in Hülle und Fülle. Doch diese zarte Schönheit ist vergänglich. Bald löst ein Windstoß ein Schneegestöber aus Blütenblättern aus. Auf dem Boden bilden sich weiße Teppiche, die so schnell vergehen, wie sie gekommen sind. Es bleibt aber kaum Zeit, der Pracht nachzutrauern. Denn nun übernimmt der Flieder, dessen opulente Blüten einen feinen Duft verbreiten.

In den Beeten, am Wegrand, zwischen Pflastersteinen sind Akeleien hoch gewachsen, die nun weiß, rosa oder violett blühen. Die Junkerlilien leuchten gelb, Wiesen-Iris und Storchschnabel bringen sphärisches Blau in den Garten. Der Schlangenknöterich trägt blassrosa Scheinähren. Waldmeister und Bärlauch erblühen bald in feinem Weiß. Frauenmantelblätter bieten morgens Perlen aus Tau, im Schatten entrollen sich urzeitlich wirkende Farne. Funkien kommen wie Speere aus der Erde. Und dann blühen auf einmal schon die Pfingstrosen, und Maiglöckchen betören mit ihrem Duft.

Rasant geht es in diesen Wochen zu. Wo vor Kurzem noch die Apfelblüten zu sehen waren, befinden sich nun winzige Fruchtansätze. Die ersten Akeleien haben sich bereits entblättert und tragen frische grüne Samenstände. Auch am Silberblatt sind neben den violetten Blüten kleine Schoten zu sehen. Wenn auch die Himbeeren aufblühen, geht der Vollfrühling zu Ende und der Frühsommer bricht an.

Überall ist es nun grün, auch im Gemüsebeet. Die Erbsen sprießen, und die früh gesäten Radieschen sind schon kurz vor der Ernte. Auch die Melde, der Spinat, die Roten Beten und der Mangold haben den ersten Wachstumsschub hinter sich. Zartes wie Zucchini und Kürbisse kommt nach den Eisheiligen nun auch endlich ins Freie. Für sie ist das nicht ganz ungefährlich, auch wenn kein Frost mehr droht. Denn was auf der Fensterbank gepäppelt wurde, hat schöne zarte Triebe. Genau das Richtige für die wohl unbeliebtesten Gartenmitbewohner: die Schnecken.

MITESSER IM GARTEN

Das Gärtnerherz blutet, wenn morgens statt vielversprechender Zucchinipflänzchen oder Würztagetes nur noch traurige Überreste im Beet stehen. Ein Blick unter große Steine, Bretter oder dichtes Laub bringt ans Licht, wer die Übeltäter sind. Denn hierhin verziehen sie sich, wenn es hell wird, kommen erst in der Dämmerung lautlos hervor und richten gärtnerisches Unheil an. **Schnecken** sind das Feindbild schlechthin. Dabei haben sie nur Hunger – und was schmeckt besser als ein zarter Trieb? Je feuchter das Klima, desto besser können sie sich vermehren. Binnen einem Monat legen sie Hunderte von Eiern, aus denen dann in wenigen Wochen Jungschnecken schlüpfen – und sich munter weitervermehren. Schnecken tragen beide Geschlechter in sich, sie sind Zwitter und begatten sich gegenseitig.

Gehäuseschnecken sind im Allgemeinen besser angesehen als solche ohne Haus: Sie sind angenehmer anzuschauen, außerdem ernähren sie sich vor allem von abgestorbenen Pflanzenteilen. Die größten sind die behäbig wirkenden Weinbergschnecken, die unter Naturschutz stehen. Sie haben bis zu 40 000 winzigster Zähne auf ihrer Zunge, mit denen sie Stängel und Blätter zerkleinern und auch Algen von Steinen schaben können. Im Winter und bei großer Sommertrockenheit ziehen sie sich ganz in ihr Haus zurück, das sie fest mit einem Deckelchen aus Kalk verschließen. Weinbergschnecken sind auch am Tage unterwegs.

Viel seltener zu sehen sind dagegen **Schnegel**, die versteckt leben. Sie gehören zu den Nacktschnecken und haben kein Haus, dafür aber ein charakteristisches schwarz-graues Streifenmuster wie der Schwarze Schnegel oder eine raubkatzenähnliche Zeichnung wie der Tigerschnegel. Sie sind daran zu erkennen, dass ihr Körper hinten spitz zuläuft. Tigerschnegel paaren sich auf spektakuläre Weise: Eng umschlungen hängen sie, mit dem Kopf nach unten, an einem langen Schleimfaden. Schnegel treten meist eher einzeln auf und ernähren sich vor allem von totem Pflanzenmaterial. Aber auch andere Schnecken sowie deren Eier fressen sie, weswegen sie im Garten gerne gesehene Gäste sind.

Wenig Sympathien

Andere Nacktschnecken dagegen ziehen die Wut der Gärtner auf sich. Sie fressen den Salat an, reduzieren Bohnenkeime zu Stümpfen, köpfen Dahlien und raspeln Löcher in die Erdbeeren. Die **Spanische Wegschnecke** ist die aggressivste.

Neue wissenschaftliche Erkenntnisse zeigen, dass sie nicht, wie vermutet, aus dem Süden zugewandert ist, vielmehr handelt es sich um eine einheimische Art, die sich in den letzten Jahren stark vermehrt hat. Kein Niedlichkeitsfaktor hilft ihr, Sympathien zu wecken, und unter Gärtnern tauscht man sich oft über die besten Wege aus, diese Tiere zu töten. Denn ein Miteinander gestaltet sich schwierig. Meist stehen die jungen Pflanzen im Beet schön beisammen, sodass die Tiere nur allzu leicht von einem Salat zum anderen weiterziehen können.

THEMA: WACHSTUMSSCHUB
DR. PATRICK KNOPF

KAUM SIND DIE ERSTEN BLÄTTCHEN DA,
EXPLODIERT DAS WACHSTUM.

Stauden haben im Herbst alle Nährstoffe aus den oberirdischen
Pflanzenteilen in die Rhizome zurückgezogen – ähnlich wie die
Bäume, die alle Stoffe aus dem Laub abziehen, ehe sie es
abwerfen. Die Sprossachse, aus der die Blätter kommen, liegt in
der Erde oder ganz knapp unter der Erdoberfläche. Mit der
Wärme im Frühling beginnt dann wieder das Wachstum. Kaum
ist die erste Knospe, das erste Blatt da, explodiert das Wachstum. Was ist das für ein Phänomen? Mit ihren Reserven treibt
die Pflanze langsam aus. Doch die ersten kleinen Blätter sind
sofort fotosynthetisch aktiv. Man guckt also erst ein bisschen
raus, dann zündet man den Motor und rattert los. Es ist auch
noch nicht so warm, dass in der Mittagszeit die Fotosynthese
unterbrochen wird – das machen Pflanzen im Sommer, da sie
sonst zu viel Wasser verdunsten und vertrocknen würden. Also
wird viel Zucker produziert und das Wachstum angekurbelt.

Aber sie müssen doch auch gute Seiten haben? Zumindest haben sie eine Rolle im
Ökosystem. Zum einen sind sie selber Nahrung, wie Nabu-Gartenexpertin Marja
Rottleb erklärt. Der Igel frisst gerne ihre Eiergelege, der Laufkäfer verspeist sogar
ganze Schnecken. Dadurch, dass sie sich im Garten bewegen, verbreiten Schnecken
aber auch Sporen von Pilzen und Farnen und sorgen für deren Fortbestand. Trotz

SCHNECKEN ZERSTÖREN HOFFNUNGEN. DOCH DIE VERLUSTE SIND MEIST ZU VERSCHMERZEN.

ihrer Vorliebe für frisches Grün sind sie wichtige Destruenten und halten die Umgebung sauber von fauligen Pflanzenresten. Manche, wie die Große Wegschnecke, fressen sogar andere Schnecken – sie regulieren sich also gegenseitig. Wo sie zur Plage werden, besteht wahrscheinlich ein ökologisches Ungleichgewicht im Garten. Gibt es zum Beispiel viel Totholz, hält der Laufkäfer die Schneckenpopulation in Grenzen. Auch ein Umfeld, in dem sich Igel, Kröten, Blindschleichen und Glühwürmchenlarven wohlfühlen, hilft (→ Seite 146).

Schneckentoleranz

Schnecken sind Lebewesen. Dass sie beim Zerschneiden Schmerz empfinden, ist nicht auszuschließen. Der Tod durch Schneckenkorn wird kaum angenehmer sein, außerdem können solche Körner auch von Weinbergschnecken aufgenommen werden, und die sind zum einen geschützt, zum anderen sehr nützlich im Garten. Wer sein Gemüse nicht teilen will, sammelt die Schnecken am besten ein und setzt sie fernab aller Beete aus: am Waldrand, unter Hecken oder am Feldrain. Für zusätzlichen Schutz sorgen Schneckenzäune oder ein buntes Durcheinander im Beet, bei dem es die Tiere schwer haben, den Salat zu finden. Denn es gibt eine Menge Gewächse, die Schnecken links liegen lassen: Kapuzinerkresse und Ringelblumen, Jungfer im Grünen und Frauenmantel. Behaartes wie die Küchenschelle und der Beinwell, die Kronen-Lichtnelke und der Wollziest bleiben ebenfalls verschont. Ähnlich ist es bei aromatischen Kräutern wie Rosmarin und Petersilie. Spinat und Gurken, Sonnenblumen und Funkien sind dagegen ein gefundenes Fressen!

KNABBEREI AN WURZEL UND LAUB

Nachts sind auch andere Tiere unterwegs, die aus menschlicher Sicht Schaden anrichten. Dazu gehört der **Dickmaulrüssler**. Tagsüber sitzen die dunklen Käfer gut verborgen im Laub oder in der Erde und fallen daher wenig auf. Aber wenn Bergenien und Liguster, Kirschlorbeer und Rhododendron aussehen, als hätte ein Schaffner mit einem altmodischen Entwerter Löcher in ihr Laub geknipst, ist dies ein Zeichen, dass Dickmaulrüssler im Garten wohnen. Denn diese Einbuchtungen an den Blättern sind deren Fraßspuren. Jetzt im Frühling schlüpfen die ersten Dickmaulrüssler, und sie vermehren sich schnell dank einer besonderen Fähigkeit. Die Weibchen legen Eier, ohne je auf ein Männchen getroffen zu sein. Um ganz sicherzugehen, dass der Nachwuchs Nahrung findet, platzieren sie die Eier in der Nähe einer Futterpflanze. Ab da geht es unterirdisch weiter: Wenn die weißen Larven schlüpfen, ernähren sie sich von toten Pflanzenfasern, aber auch von Wurzeln. Am besten schmecken ihnen die von Purpurglöckchen, von der Herzblättrigen Schaumblüte und der Fetthenne. Manchmal fressen sie die gesamte Wurzel, sodass die Pflanze oberirdisch abgehoben werden kann wie ein Bouquet aus Laub. Die Larven können lange in der Erde überdauern, spät geschlüpfte überwintern und

DIE ERDHUMMEL IM VOLLFRÜHLING

Die Königinnen sind unterwegs, um einen neuen Staat zu gründen. Sie beginnen früh, denn es liegt viel Arbeit vor ihnen. Hat eine Hummel ein passendes Erdloch gefunden, legt sie zuallererst Vorräte aus Pollen und Nektar an: das Bienenbrot, auch Perga genannt.

verpuppen sich erst im nächsten Jahr. **Gegenspieler** von Dickmaulrüsslern sind bestimmte Fadenwürmer: *Heterorhabditis bacteriophor*a. Sie werden im Garten gezielt eingesetzt und mittels Wasser ins Wurzelwerk der Pflanzen gebracht. Dort dringen die Nematoden in die Dickmaulrüsslerlarven ein, wo sie ein Bakterium freisetzen. Die Larven sterben. Die Fadenwürmer ernähren sich davon und vermehren sich weiter. Zu den bereits im Garten vorhandenen Feinden der Dickmaulrüssler gehören Igel, Spitzmäuse und Laufkäfer.

Auch am Apfelbaum geht es nicht so idyllisch zu, wie die weiße Blütenpracht glauben lassen mag. Bei Weitem nicht aus jeder Knospe wird ein Apfel, dazu trägt unter anderen auch der **Kleine Frostspanne**r bei. Jetzt schlüpfen am Baum die Raupen, die als Ei überwintert haben (→ Seite 131). Sie haben einen großen Appetit. Um sich vor Vögeln zu schützen, spinnen sie eine Art Netz zwischen den jungen Trieben des Baumes und fressen sich dann in aller Ruhe durch Knospen und Laub. Viele Raupen lassen sich auch an langen Fäden mit dem Wind tragen und gelangen so auf neue Bäume. Sind sie ausgewachsen, seilen sie sich ab in Richtung Boden, wo sie sich verpuppen. Im Herbst schlüpfen die männlichen Falter und die Weibchen, die keine Flügel haben. Sie paaren sich, legen Eier an die Knospen, und der Kreislauf beginnt von Neuem. Auch an Kirschbäumen, Eichen und Hainbuchen leben die Frostspanner. Meist hält der Baum einen Befall aber relativ gut aus – auch wenn Zweige kahl gefressen sind, erholt sich das Gehölz innerhalb einer Saison wieder.

DER GIERSCH IM VOLLFRÜHLING

Wo Giersch wächst, ist jetzt kein Erdboden mehr zu sehen. Die Blätter, die noch vor Kurzem ganz zart waren, werden härter. Daher sind sie zum Essen bald nicht mehr so gut geeignet. Dafür bewährt sich der Giersch nun als ein wüchsiger, frischgrüner Bodendecker.

Doch auch der **Apfelwickler** macht Baum und Menschen das Leben schwer. Der unscheinbare Falter kann in den nächsten warmen Wochen abends gesichtet werden. Die Weibchen legen ihre Eier auf Blättern ab, später, wenn sich schon Äpfel ausgebildet haben, auch direkt auf diese. Nach ein bis zwei Wochen schlüpfen kleine Raupen, die sich von außen in die Frucht hineinfressen. Ihr Ziel ist das Kerngehäuse, in dem die überaus nahrhaften Samen des Apfels liegen. Etwa einen Monat bleiben sie in dieser Speisekammer, dann lassen sie sich an einem dünnen Faden zum Erdboden hinunter. Sie verpuppen sich, und wenn es nach dem Winter noch früh im Jahr ist, schlüpft eine weitere Generation: Ihre Larven finden sich dann in den reifen Äpfeln, die geerntet werden. Die Apfelwickler überwintern als Puppen am Boden oder auch am Baum selbst.

SINGEN NACH UHRZEIT

Noch ist es dunkel draußen, doch künden klare, helle Töne im Garten bereits vom Morgen. Weit hallt der **Gesang der Vögel** in der feuchten Nachtluft. Der Klang entfaltet eine große Wirkung. Lange bevor es hell wird, ist das Lied der Nachtigall zu hören, mehr als eineinhalb Stunden vor Sonnenaufgang. Doch bald mischen sich andere Töne hinein. Der Gartenrotschwanz meldet sich, kurz gefolgt vom Hausrotschwanz, der etwa 75 Minuten vor Sonnenaufgang anstimmt. Die tieferen Töne der Singdrossel gesellen sich etwa eine Stunde vor der Dämmerung hinzu, auch das helle Stimmchen des Rotkehlchens und der laute Gesang der Amsel sind dann bald zu hören. Nach und nach kommen Zaunkönig, Goldammer, Kohl- und Blaumeise dazu. Ertönen die Rufe von Zilpzalp und Spatz, dauert es noch eine halbe Stunde, bis die Sonne aufgeht. Star und Grünfink sind die Langschläfer und eher spät dran – etwa 15 bis 10 Minuten, bevor es richtig hell wird.

Jede Vogelart hat ihren ganz eigenen Zeitpunkt, um mit dem Gesang zu beginnen, stets hängt dieser mit dem Sonnenaufgang zusammen. Eine innere Uhr lässt die Tiere erwachen, und meist sind es die Männchen, die dann beginnen zu singen. Nahrung ist jetzt ohnehin kaum zu finden, denn Insekten sind in den kühlen Morgenstunden noch gar nicht aktiv. Je länger die Tage im Frühling werden, desto mehr Testosteron wird bei den Männchen ausgeschüttet. Je mehr des Hormons vorhanden ist, desto größer wird der Impuls zu singen. Denn jetzt ist Brutzeit. Mit ihrem Gesang zeigen die Vögel an, dass dies ihr Revier ist. Rivalen haben hier nichts zu suchen! Für die Weibchen steckt eine andere Botschaft dahinter: Hier ist ein potenzieller Partner, mit dem ein Nest gebaut werden kann.

EIN SICHERES NEST

Tagsüber ist jetzt ein eifriges Treiben zu beobachten: Meisen tragen Moos im Schnabel, Amseln Halme, Elstern kleine Zweige. Sie alle haben einen Platz für ihr Nest gefunden und holen immer mehr Material herbei. Eine Aufgabe, die viel Energie verbraucht – nur gut, dass es jetzt genügend Nahrung gibt.

EIN SICHERES NEST

WARUM ZU
VERSCHIEDE-
NEN ZEITEN?

Vögel stimmen ihren Gesang nicht gleichzeitig an. Denn im Idealfall sollte der eigene Gesang der einzige sein, der gerade eben zu hören ist. Das erhöht die Chance, vom Weibchen wahrgenommen zu werden. Darum hat jede Art ihre eigene zeitliche Nische gesucht und gefunden.

Was die Wahl des Brutplatzes betrifft, so sind die Geschmäcker verschieden:

* **Baumbrüter:** Viele Tiere bevorzugen Bäume, wo sie ein Nest in den Zweigen bauen. Hierzu zählen Amseln, Drosseln und Buchfinken. In der Stadt sind auch Ringeltauben hoch oben in den Kronen zu finden, Krähen ebenso.
* **Höhlenbrüter:** Eine sichere Höhle dagegen bevorzugen Meisen, aber auch der Gartenrotschwanz, der Star und der Buntspecht. Diese Tiere nehmen gerne ein Vogelhaus an, es sei denn, sie finden eine passende Höhlung in einem alten Baum. Manche suchen sich auch einen Platz im Gemäuer.
* **Heckenbrüter:** Ein guter Ort für ein Nest ist eine Hecke – erst recht, wenn sie schön dicht und dornig ist. Sie bietet Schutz und gleichzeitig viel Futter in Form von Insekten. Grünfink und Amsel suchen sich einen Platz weiter oben, Rotkehlchen und Zaunkönig bleiben gerne in Nähe des Bodens – sofern keine Katzen durchs Gebüsch schleichen. Der Zaunkönig baut gleich mehrere ovale, geschlossene Nester aus Halmen, Wedeln und Moos, in die er nach und nach Weibchen lockt. Auch das Rotkehlchen mag es etwas geborgener.
* **Bodenbrüter:** So manche Vögel brüten auch ganz am Erdboden, doch die sind in den seltensten Fällen in einem Garten anzutreffen: die Rotdrossel, die Lerche und der Fasan, aber auch Möwen und Greifvögel.

← Noch im Dunkel der Nacht beginnen die ersten Vögel zu singen. Eine innere Uhr lässt die Tiere erwachen. Der Gesang der Männchen lockt mögliche Partnerinnen an.

Haare und Zweige, Federn und Wurzelstückchen, Halme und Farnwedel eignen sich gut als Nistmaterial. Kohlmeisen sind die Ersten, die ihre Eier legen, und das bereits gegen Ende des Erstfrühlings. Blau- und Haubenmeisen, Sperlinge und Stare beginnen im Vollfrühling. Gartenrotschwänzchen lassen sich manchmal nach der Rückkehr aus dem Winterquartier in Nordafrika etwas länger Zeit. Ins fertige Nest legt das Weibchen mehrere Eier. Oft übernimmt es dann auch das Brüten und wird währenddessen vom Männchen gefüttert. Oder die Tiere wechseln sich beim **Brutgeschäft** gegenseitig ab. In dieser Zeit sollten sie nicht gestört werden. Hecken dürfen wachsen, allenfalls einen Formschnitt erhalten. Stark gestutzt oder auf den Stock gesetzt werden können sie nur im Vollherbst, Winter oder Vorfrühling.

DIE ERDHUMMEL IM VOLLFRÜHLING

Im Nest fertigt die Hummelkönigin Waben aus Wachs und legt Eier hinein. Sie setzt sich darauf und produziert über ihren Stoffwechsel Wärme. Bis zu 30 °C warm kann es im Nest werden. Die geschlüpften Larven füttert sie mit dem Bienenbrot.

VOGELFREUNDLICHE GEHÖLZE

Je mehr Gehölze mit Dornen oder Beeren vorhanden sind, umso interessanter wird der Garten für Vögel – finden sie doch nicht nur einen Nistplatz, sondern auch Futter. Hainbuchen und Eiben, Liguster und Vogelbeeren sind gute Gehölze für die gefiederten Tiere, aber auch Vogelkirschen, Holzapfel und Weißdorn. Ist viel Platz vorhanden, kann eine ganze Hecke nur für Vögel gepflanzt werden aus Kornelkirschen, Haselnuss und Holunder, aber auch Schlehdorn und Pfaffenhütchen. Dazu kommen Brombeeren, Berberitzen und Heckenkirschen. Ist nur ganz wenig Platz vorhanden, eignen sich Kletterpflanzen wie Kletterrosen, Wilder Wein, Kletterhortensien oder Efeu. In so eine Hecke kommen nicht nur Vögel: Mäuse und Eidechsen finden hier Futter und ein Zuhause. Ist sie gesäumt von Kräutern wie Brennnesseln, finden sich auch Schmetterlinge ein, deren Raupen das Laub fressen. Spinnen machen reiche Beute, denn in der Hecke summt und brummt es vor Insekten.

ALLES EINE FRAGE DER FORM

Die Blüten des Apfelbaums sind flach wie eine Schale, die des Löwenzahns aus vielen kleinen Blütchen zusammengesetzt. Die des Flieders sind wiederum mit Lippen versehen, und der Nektar ist tief unten in einer Röhre zu finden.

Während sich auf dem Apfel die Bienen tummeln, sind am Flieder vor allem Hummeln zu finden. Und Löwenzahn scheint alle Bestäuber magisch anzuziehen, auch Schwebfliegen und Schmetterlinge. Wen eine Blüte anlockt, hängt nicht nur von ihrer Farbe und dem Duft ab (→ ab Seite 20), sondern auch von der Blütenform. Denn manchmal ist ein langer Rüssel notwendig, um an den heiß begehrten Nektar zu kommen. Im anderen Fall kann so ein Organ auch eher hinderlich sein. Ob die Blüte an sich einzeln steht wie bei einer Rose, in einer Dolde wie bei der Wilden Möhre oder in einer Schirmrispe wie beim Holunder, spielt für Insekten eher eine untergeordnete Rolle.

Scheiben- und Schalenblumenetwa

Zu den Scheiben- und Schalenblumen gehören neben Apfel- und Kirschbäumen auch die Jungfer im Grünen, Wilde Malve oder Berberitze. Sie haben ihren Bestäubern Nektar anzubieten. Mit Pollen locken Buschwindröschen, Leberblümchen, dazu Pfingstrosen und der Klatschmohn.

Bienen statten diesen Blüten gerne einen Besuch ab, aber auch Fliegen mit ihrem kurzen Saugrüssel werden hier leicht fündig. Nicht zuletzt findet sich so mancher Käfer ein, der den Pollen mit seinem Mundwerkzeug fressen kann.

Diese Blüten sind erst männlich, dann weiblich: Zunächst geben sie ihren Pollen an die Bestäuber ab, später entwickeln sie Griffel und die Narbe, die durch den neu eingebrachten Pollen bestäubt wird. Manche, wie die Berberitze, überlassen nichts dem Zufall und haben sogar spezielle

DER GIERSCH IM VOLLFRÜHLING

Unsichtbar, etwa einen halben Meter unterhalb der Erdoberfläche, wagen sich die Rhizome des Gierschs immer weiter in neue Gefilde vor. Plötzlich sprießt es dann an Stellen, an denen vorher niemals Giersch zu sehen war. Und auf einmal findet man ihn überall …

43

Mechanismen entwickelt: Streift das Tier die Staubfäden, schnellen diese in seine Richtung und beladen es mit dem Pollen. Bei der Jungfer im Grünen sind die Staubblätter so gebogen, dass die Biene sie mit ihrem Rücken berührt, wenn sie sich auf den Kelchblättern niederlässt.

Aber auch zahlreiche Korbblütler, wie das Gänseblümchen, der Löwenzahn oder die Echte Kamille, zählen zu den Scheiben- und Schalenblumen. Bei ihnen werden unzählige kleine Blüten zu einer größeren zusammengefügt. Umgeben sind sie von Strahlenblüten, die als Blütenblätter wahrgenommen werden. Die kleinen Blüten öffnen sich nicht alle gleichzeitig, sondern von außen nach innen. Zuerst sind die am Rande dran, zuletzt die in der Mitte. Auch sie sind zuerst männlich, dann weiblich. Insekten, die auf der Blüte herumlaufen, bringen nicht nur fremden Pollen mit, sie verteilen zugleich den eigenen, sodass es zur Selbstbestäubung kommt. Dolden wie Wilde Möhre oder Koriander gehören ebenfalls zu den Scheibenblumen, da ihre Einzelblüten entsprechend aufgebaut sind.

Glockenblumen

Ganz anders sieht es bei den Glockenblumen aus – nicht nur Name einer Gattung, sondern Bezeichnung für eine Blütenform. Bestes Beispiel ist natürlich die Glockenblume selbst: Die Blüte, meist hängend, gleicht einem umgestülpten Schüsselchen. Auch Maiglöckchen, Ackerwinde, Küchenschelle und Lilie gehören dazu. Sie werden vor allem von Bienen und Hummeln besucht und bieten den Tieren oft auch einen trockenen Platz bei Regen. Bei vielen Pflanzen neigt sich die Blüte unter dem Gewicht des Insekts nach unten. Manche, wie das Schneeglöckchen, lassen dann Pollen auf das Tier fallen, das ihn mit sich fortträgt.

Bürsten- und Pinselblumen

Bürsten- und Pinselblumen setzen auf eine andere Strategie, um sich bestäuben zu lassen: Staubblätter und Griffel ragen deutlich hervor und haben Bürsten- oder Pinselform, zum Beispiel beim Wegerich oder beim Federbuschstrauch. Auch die

THEMA: INSEKTEN
PROF. DR. THOMAS SCHMITT

SIE ERNÄHREN ANDERE TIERE, BESTÄUBEN – UND
HALTEN SICH GEGENSEITIG IN SCHACH.

Sie stehen am Anfang der Nahrungspyramide. Einige von ihnen
sind Räuber und fressen andere Insekten, aber viele ernähren
sich ausschließlich von Pflanzen. Vögel, Igel, Spitzmäuse leben
von Insekten. Die Nahrungsnetze sind intensiv verwoben. Und
wenn ich die Basis eines solchen Geflechts zerstöre, kann darüber alles zusammenbrechen. Viele insektenfressende Vogelar-
ten finden keine Nahrung mehr und gehen dramatisch zurück,
worunter wiederum diverse Raubvögel und etliche Säuger wie
die Wildkatze leiden. Insekten sind aber auch Bestäuber: Ob
Äpfel, Birnen, Kirschen – alles, was wir gerne essen, wird von
ihnen bestäubt, außerdem die meisten uns gefallenden Blütenpflanzen. Ohne Insekten gäbe es das alles nicht. Zudem halten
sie sich gegenseitig in Schach. Der Puppenräuber, ein großer
Laufkäfer, frisst große Raupen wie die des Prozessionsspinners,
auf deren Haare manche Menschen allergisch reagieren. Generell gilt: Diejenigen, die fressen, haben einen längeren Lebens-
zyklus als die, die gefressen werden – der Puppenräuber wird im
Gegensatz zum Prozessionsspinner ein paar Jahre alt. Das muss
man bedenken, wenn man in ein Ökosystem eingreift. Wenn ich
spritze, um Schadinsekten zu bekämpfen, erholen die sich meist
sehr viel schneller als diejenigen, die regulieren und das System
»im Griff haben«. Nützlinge werden somit nachhaltiger geschädigt, und so gerät das ganze System aus dem Gleichgewicht.

Himbeere, der Wasserdost, die September-Silberkerze und die Weide mit ihren Kätzchen fallen in diese Kategorie. Sie sind für Schwebfliegen und Bienen interessant, aber auch Schmetterlinge schauen vorbei. Gelegentlich werden sie, wie die Weide, auch durch den Wind bestäubt, der den Pollen weiterträgt.

Rachenblumen

Wieder andere Blüten haben tiefe Rachen, in die das Tier hineinkrabbelt. Rachenblumen gibt es sowohl mit als auch ohne Lippen. Lavendel, Eisenhut und Natternkopf haben tiefe Rachen, der Kriechende Günsel einen mit einer deutlich erkennbaren Ober- und Unterlippe. Bei manchen wie dem Löwenmäulchen ist die Öffnung durch eine Wölbung verschlossen, das Insekt muss sich erst den Weg bahnen. Meist sind es Hummeln, die diese Blüten besuchen. Leichtere Bestäuber kommen nicht zum Zuge, höchstens Falter mit einem sehr langen Rüssel. Auch hier geben die Blüten zunächst Pollen ab, den die Besucher mitnehmen. Ältere Blüten präsentieren den Landenden den Griffel, an dem der Pollen abgeladen wird.

Fahnenblumen

Auffälliger gestaltet sind die Schmetterlingsblütler wie die Dicke Bohne, die Lupine und der Blauregen. Sie gehören zu den sogenannten Fahnenblumen, da sie ein Kronblatt tragen, das wie eine Fahne auf sich aufmerksam macht: Hier gibt's etwas! Wenn das Tier – meist die Hummel – auf dem unteren Teil der Blüte landet, wird der Griffel herausgeschoben. Bringt es Pollen mit, landet dieser auf dem Griffel. Danach wird die Hummel mit Blütenstaub eingepudert.

Röhrenblumen

← Die Sporentriebe des Acker-Schachtelhalms sind bräunlich und blass. Sie enthalten kein Chlorophyll und kommen vor den dunkelgrünen, harten Trieben aus der Erde.

Andere Blüten haben lange Röhren, in denen tief verborgen der Nektar liegt. Zu den Röhrenblumen gehören das Wiesen-Schaumkraut, die Große Schlüsselblume und die Dichter-Narzisse: Bei ihnen ist ein langer Saugrüssel oder eine lange Zunge notwendig, damit das Insekt an den Nektar kommt. Ist die Röhre mit einer Scheibenblüte kombiniert, handelt es sich um eine Stieltellerblume, etwa bei der Tag-Lichtnelke. Auf ihnen landen gerne Falter, um den Nektar zu saugen. Die Akelei dagegen kombiniert die Röhre mit einer Glocke, das Gewöhnliche Leinkraut mit einer Lippe. Bei ihnen werden vor allem größere Bienen und Hummeln fündig.

FLIEGENFÄNGER

Im Schutz hoher Laubbäume, wo der Boden feucht ist, entrollt jetzt der **Aronstab** seine kelchartige Blüte. Im Wald ist es meist der Gefleckte Aronstab, im Garten findet sich oft der Italienische Aronstab, der meist eine schöne silbrige Laubzeichnung hat. Beide Pflanzen sind stark giftig. Im Spätsommer fallen sie meist deutlicher auf wegen ihrer orangefarbenen Beeren. Jetzt jedoch blüht der Aronstab – zwar nicht schrill, aber dennoch spektakulär. Die Blüte erinnert ein wenig an eine Calla, ist allerdings beim Gefleckten Aronstab in dunklen Farben gehalten: In einem grünen, spitz zulaufenden Hüllblatt steht ein dunkler, bräunlich-violetter Blütenkolben. Kaum zu erahnen, dass es sich hier um eine Fliegenfalle handelt!

Wer am späteren Nachmittag am Aronstab vorbeigeht, wird einen an Aas erinnernden Geruch bemerken – nicht angenehm für die menschliche Nase, aber sehr einladend für Fliegen und Mücken. Damit sich die Duftstoffe in der Luft ausbreiten, erwärmt sich die Blüte auf rund 40 °C: Stärke, die im Kolben gespeichert ist, wird in Zucker zerlegt und unter Wärmebildung chemisch aufgespalten. Die angelockten Aasfliegen und Mücken rutschen tief in den Kessel. Borsten am Kessel-Ausgang sowie eine besonders glatte Blattoberfläche verhindern, dass die Tiere flüchten können. Mit dem mitgebrachten Pollen befruchten sie die Blüten, an denen sie kleine Nektartropfen finden. Sind die Blüten bestäubt, hört die Wärmeproduktion auf, und aus den Staubblättern weiter oben im Kessel fällt Blütenstaub auf die Fliegen. Danach beginnen Blüte und Borstenhaare zu welken, sodass die Fliegen entkommen und den Pollen zur nächsten Blüte mitnehmen können. Ähnliche Kesselfallen haben die Osterluzei und der Frauenschuh, die aber nur selten im Beet stehen.

URZEITGEWÄCHS

In manchen Gärten sind nun blassbräunliche Triebe mit einer ovalen Verdickung zu sehen, die wie lange dünne Pilze aus dem Boden wachsen: die **Sporentriebe des Ackerschachtelhalms**. Im Gegensatz zu dem grünen gefiederten Laub der Pflanze fallen sie bei flüchtigem Hinschauen kaum auf. Doch über diese Triebe vermehrt sich der Schachtelhalm, der botanisch zu den Farngewächsen gehört. Die Sporen sitzen in der kleinen Ähre am oberen Ende und werden vom Wind fortgetragen. Fallen sie auf feuchten Boden, wächst dort ein sogenanntes Prothallium heran, ein unauffälliges, etwa fingernagelgroßes Gewächs, das männliche oder weibliche Geschlechtszellen ausbildet. Eine männliche Pflanze muss sich in der Nähe einer weiblichen befinden, dann kann sie diese befruchten, und ein neuer Ackerschachtelhalm wächst heran. Aber auch vegetativ verbreitet sich das Kraut, wie Gärtner, die es ausgraben wollen, schnell merken: Die langen, dünnen Rhizome reichen bis eineinhalb Meter tief in die Erde und brechen schnell ab. Aus jedem einzelnen Stückchen kann ein neuer Schachtelhalm entstehen.

Bald, nachdem der Sporentrieb vertrocknet ist, kommen die ersten grünen Spitzen aus der Erde. Wer sie jetzt regelmäßig abzupft, schwächt die Pflanze. Ackerschachtelhalm enthält viel Kieselsäure, die ihn zu einem guten Scheuermittel macht, was ihm den Namen Zinnkraut eingebracht hat. Diese kann aber auch auf andere Pflanzen einen positiven Effekt haben, denn sie wirkt wie ein Stärkungsmittel. Dazu wird aus den grünen Trieben, die es in Gärten mit Schachtelhalm bald in Hülle und Fülle gibt, ein Sud, eine Brühe oder eine Jauche hergestellt. Wo die urzeitlich wirkenden Triebe wachsen dürfen, bilden sie einen interessanten Kontrast zu dem runden, weichen Laub des Frauenmantels oder dem der Bergenien.

DIE ERDHUMMEL IM VOLLFRÜHLING

Immer mehr Hummeln sind jetzt zu sehen. Denn die ersten Arbeiterinnen sind bereits unterwegs und sammeln Nahrung für die Larven der zweiten Brut der Königin. Um an Nektar zu kommen, beißen sie manche Blüten seitlich auf, so etwa beim Lerchensporn.

3.

FRÜHSOMMER

DER HOLUNDER IST VOLL ERBLÜHT.

Die Dolden des Holunders duften und locken Bienen, Käfer und Schwebfliegen an. Weißdorn und Heckenrosen blühen ebenfalls und sind ein Zeichen, dass es Frühsommer geworden ist. In Parks, Gärten und an Straßen verbreiten Robinien ihren süßen Duft. Auf den Wiesen leuchtet der Klatschmohn. Bald schon öffnen sich die Knospen am Liguster, und die ersten Erdbeeren werden reif.

DIE ROSENBLÜTE BEGINNT!

WAS SEHE ICH?

Rosenblüten, leuchtend rote Lilien-hähnchen, blauen Ehrenpreis, Regenwasser in den Blattachseln der Wilden Karde. Glühwürmchen.

WAS SEHE ICH NICHT?

Die winzigen Milben und Larven, die Gallen auf den Blättern hervorrufen. Samen, aus denen zarte Gräser keimen. Die Larven der Schaumzikade.

JETZT IST ES IM GARTEN AM SCHÖNSTEN! Das Grün ist noch ganz frisch, überall blüht es. Duft verbreiten nun nach Flieder und Maiglöckchen die Rosen: ungefüllte Wildrosen in der Hecke, Edelrosen mit großen Blüten, altmodische gefüllte Sorten – vielerlei Formen und Farben gibt es. Bei der Moosrose riechen sogar die Knospen, sie sind knorpelig und mit Drüsen versehen, die einen harzigen Stoff absondern. Der süße Geruch von Robinien und Holunder durchzieht die Luft, nicht zu vergessen die Wicken. Überall sind Insekten zu sehen, die Nahrung suchen, und auch junge Rotkehlchen sind unterwegs – sie sind flügge geworden. Die ersten jungen Amseln sind bereits erwachsen und suchen sich einen neuen Lebensraum, fernab vom Geburtsort.

Das Laub der Tulpen und Narzissen wird trocken. Doch so unansehnlich es ist, es sollte stehen bleiben, bis es völlig eingetrocknet ist. Denn die Pflanzen betreiben noch Fotosynthese, um Stärke in ihre Zwiebeln einlagern zu können (→ Seite 171). In den Beeten blüht der Storchschnabel, er ist ein guter Nachbar für Rosen. Die Strauch-Pfingstrosen haben ihre Blütenblätter längst verloren und Samenstände angesetzt, die hellgrün und samtig sind und an vielzipflige Narrenkappen erinnern.

Die **intensivsten Farben** bringen jetzt die Kronen-Lichtnelken hervor, sie leuchten pink auf dem silbrigen Laub. Einen außergewöhnlichen Blauton hat dagegen der etwas sperrige Echte Natternkopf, der gerne an trockenen Wegrändern wächst, aber auch einen Platz im Garten verdient. Farblich kann er es durchaus mit dem Rittersporn aufnehmen: Junge Blüten sind hellviolett oder rosa, später werden sie leuchtend blau. Hummeln besuchen den Natternkopf gerne, und die sehr selten gewordene Natternkopf-Mauerbiene hat sich auf den Pollen dieser Pflanze spezialisiert. Schmetterlinge profitieren sogar doppelt: Die Raupen vieler Falter ernähren sich vom Laub, die Imagines – die ausgewachsenen Schmetterlinge – finden Nektar.

ES TUT SICH WAS IM GEMÜSEBEET

Im Gemüsebeet sind schon die ersten Zuckererbsen reif, gegen das Licht gehalten, lassen sich kleine Samen in der zarten Schote erkennen, die sich bald runden. Die ihnen ähnlich sehenden Edelwicken – die eigentlich Duftende Platterbse heißen – haben noch viele bunte Blüten. An den Stangen winden sich nun allmählich die rankenden Bohnen empor, die in ein paar Wochen grüne, gelbe oder violette Hülsen bekommen. Der Mangold ist bald groß genug, dass die ersten Blätter geerntet werden können, und die Zucchini haben große gelbe Blüten.

Unerwünschte Besucher

Aber auch anderes wächst hier: Gräser haben sich ausgesamt, und wenn sie nicht gejätet werden, wachsen sie schnell heran, wie etwa die Hühnerhirse, die im Hochsommer blüht. Himmelblau, mit feinen dunkleren Streifen, sind dagegen die Blüten des Persischen Ehrenpreises. Kaum ein Kraut, das jetzt zwischen den Salaten oder im Rasen wächst, hat so ein Blau. Die Vogelmiere trägt Blüten im Miniaturformat mit feinsten, schneeweißen Blättchen, und die Gundelrebe hat violette, fein getüpfelte Lippenblüten. Bei genauem Hinsehen sind diese Pflanzen kaum weniger schön als alles, was ins Blumenbeet geholt wird – meist allerdings zierlicher und zurückhaltender. Manche von ihnen enthalten sogar Wirkstoffe, die nützlich sein können. In der Vogelmiere findet sich viel Vitamin C, die Gundelrebe schmeckt gut im Salat und soll, ähnlich wie der Ehrenpreis, verdauungsfördernd wirken. Und doch sind diese Kräuter nicht beliebt – zumindest nicht im Garten. Wo sie auftauchen, werden sie herausgerissen, denn sie passen nicht ins Bild. Manche sind hartnäckig, da sie als Wildkräuter eine Strategie haben, sich schnell und nachhaltig zu verbreiten. Ihre Wurzeln sind zäh oder brechen leicht ab, wie bei Schachtelhalm oder Giersch, oder sie produzieren Unmengen von Samen wie das Hirtentäschel oder das Schmalblättrige Weidenröschen (3000 bzw. bis zu 80 000 Samen pro Jahr).

Kein Wunder, dass diese Pflanzen schneller zu wachsen scheinen als das Gemüse. Denn sie sind schon längst da. Ihre Samen überdauern manchmal Jahre oder Jahrzehnte in der Erde (Vogelmiere) und legen los, ehe die Radieschensaat überhaupt erst gelegt wird. Die meisten Unkräuter sind R-Strategen (→ Seite 28), dabei aber kurzlebig. Sie sind robust und stellen nicht so viele Ansprüche wie Gemüsepflanzen, die eine lange Auslese durch den Menschen hinter sich haben und in der Regel mehr Pflege brauchen, um groß werden und produzieren zu können.

Am falschen Ort

Unkraut ist eine Pflanze am falschen Ort. Manche scheinen harmlos wie die Gundelrebe, denn sie lässt sich leicht herausziehen. Andere wiederum wirken gefährlich: die Quecke zum Beispiel. Ist sie einmal da, bedeutet das jede Menge Arbeit. Möglicherweise auf Jahre. Solche Kräuter werden schnell zum Feind, ähnlich wie die Schnecken. Denn sie durchkreuzen die Pläne, die der Mensch für ein Stückchen Land hatte. Sie wachsen einfach, nutzen den Tag, die Ackerwinde zum Beispiel, die

EXPERTEN
WISSEN

THEMA: BLATTLÄUSE
PROF. DR. THOMAS SCHMITT

EINE GENIALE STRATEGIE: DIE POPULATION
EXPLODIERT DURCH KLONEN.

Theoretisch können aus einer Blattlaus hundert werden, aus
hundert zehntausend, aus zehntausend eine Million – und das
in nur drei Tagen! Sie produzieren erst einmal ausschließlich
Individuen, die neue Individuen produzieren: Weibchen. Damit
sparen sie sich die ganze Sache mit dem Sex. Allerdings
funktioniert das nicht unbegrenzt. Denn es kann von Nachteil
sein, wenn alle Individuen identisches Erbgut haben. Wenn die
Population angewachsen ist, ist es also günstig, die »Karten«
neu zu mischen. Dann brauchen Blattläuse Sexualität, um das
vorhandene Genmaterial neu zu kombinieren. Und das ist der
Moment, an dem Männchen ins Spiel kommen. Durch sexuelle
Vermehrung können dann Individuen entstehen, die möglicherweise an die jeweiligen Gegebenheiten besser angepasst sind.
Blattläuse sind populationsdynamisch gesehen R-Strategen:
Sie setzen auf Masse, da wird »billig« viel produziert, sie weisen
also eine hohe Reproduktionsrate (R) auf. Ganz anders gehen
K-Strategen vor, die mit der Anzahl der Individuen an ihrer
Kapazitätsgrenze (K) bleiben. Dazu zählen solche Schmetterlinge,
die Eier gezielt an geeigneten Plätzen ablegen, oder viele Säugetiere, die ihren Nachwuchs lange versorgen. Sie investieren
mehr in jeden einzelnen Nachkommen, dessen Überlebenschancen dadurch höher sind. Aber sie brauchen auch länger,
um ihre Population aufzubauen, als R-Strategen wie Blattläuse.

EIN GARTEN LÄSST SICH NICHT KOMPLETT UNTER KONTROLLE BRINGEN.

nicht nur robuste Wurzeln hat, sondern auch noch an anderen hochrankt, um zur Sonne zu kommen. In der Natur werden sie ganz gerne gesehen – die hohen Büsche der Brennnesseln oder die prähistorisch wirkenden Triebe des Schachtelhalms. Aber wehe, sie mogeln sich zwischen die Rosen oder die Kartoffeln. Dann wird gejätet, und oft ist jedes Mittel recht, nur um sie wieder loszuwerden, auch wenn dabei Kollateralschäden entstehen können, die sich nur schwer einschätzen lassen. Selbst wenn die Quecke die Optik stört, bringt sie das Ökosystem kaum so durcheinander wie eine chemische Keule. Jäten ist mühselig, aber machbar. Und es macht den eigenen Platz, die eigene Ohnmacht deutlich: Ein Garten lässt sich nur bis zu einem gewissen Grad nach dem menschlichen Willen gestalten. Er ist kein Wohnzimmer, sondern offener Lebensraum vielerlei Lebewesen. Immer geschieht etwas, das nicht geplant war. Selbst in der frisch gekärcherten Ritze sprießt der Löwenzahn erneut hervor, wenn ein Same herbeiweht. Manches lässt sich einfach nicht unterkriegen. Das ist gerade das Schöne: Die Natur spielt mit.

KRÄUTER MIT SIGNALWIRKUNG

Auch wenn der Persische Ehrenpreis im Beet oder Rasen stört: Es ist ein wirklich gutes Zeichen, wenn er da ist. Wo er wächst, ist der Boden nämlich schön locker. Pflanzen verraten etwas über den **Standort**. Früher gab das, was am Ackerrand wuchs, den Bauern wichtige Erkenntnis. Denn die Kräuter zeigen an, wie die Erde beschaffen ist. Wo zum Beispiel die Ackerschmalwand gedeiht, ist der Boden gut bebaubar. Der weißliche Quendel-Ehrenpreis dagegen wächst auf verdichteten Arealen, Hasenklee zeigt Bodentrockenheit an und der Kleine Ampfer saure Erde. Heute finden diese Pflanzen am Acker kaum noch einen Platz, denn die Feldwege sind häufig asphaltiert und die Randstreifen gespritzt. Im Gartenbeet kann man sich dieses Wissen jedoch zunutze machen:

- Stehen Ackerkratzdistel und Breitwegerich im Beet, heißt das, dass der Boden verdichtet ist und für die meisten anderen Gewächse aufgelockert werden sollte.
- Wo Beifuß, Königskerze und Storchschnabel wachsen, ist es eher trocken, also nichts für Geißbart oder Engelwurz.
- Gartenschaumkraut und das Kleinblütige Weidenröschen mögen es feucht, und Huflattich, Mädesüß, Wilde Möhre oder Scharbockskraut zeigen noch feuchteren, sogar nassen Boden an. Hier wollen Präriegräser oder auch Rosmarin nur ungerne hingepflanzt werden.
- Hirtentäschel, Kamille, Klettenlabkraut und Kornblume wachsen auf lehmigem Untergrund. Der ist schwer, kann aber das Wasser gut speichern – genau das Richtige für Phlox und Funkien, aber nicht für Silberdisteln.
- Wo Gänseblümchen blühen und Hirtentäschel, hat der Boden wenig Nährstoffe. Für ein Prachtbeet mit Rittersporn müsste er angereichert werden.
- Wo dagegen Franzosenkraut oder Schwarzer Nachtschatten anzutreffen sind, ist die Erde nährstoffreich. Auch Brennnesseln, Holunder oder die überallhin rankende Kratzbeere zeigen an, dass der Stickstoffgehalt hoch ist.

DIE ERDHUMMEL IM FRÜHSOMMER

An den Blüten von Rosen, an frühem Lavendel und Akelei tummeln sich jetzt immer mehr Hummeln. Die Arbeiterinnen sind überaus fleißig und suchen Nahrung für die Nachkommen und ihre Königin. Denn diese bleibt jetzt im Nest und legt beständig neue Eier.

Solche Pflanzen werden vermutlich in Zukunft häufiger zu sehen sein. Denn die Böden werden immer nährstoffreicher. Grund ist der steigende Stickstoffeintrag aus der Luft, der zu einem großen Teil durch die Landwirtschaft verursacht wird. Manchen Pflanzen bekommt das gar nicht. Die Rundblättrige Glockenblume, das Ungarische Habichtskraut und Silber-Fingerkraut kommen damit nicht zurecht, auch Arnika, das Gefleckte Knabenkraut oder Bienen-Ragwurz brauchen mageren Untergrund. Sie werden immer seltener, manche stehen auf den Roten Listen der

vom Aussterben bedrohten Pflanzen: Die Erde ist ihnen zu
reich – selbst in Naturschutzgebieten muss inzwischen ein-
gegriffen werden, da sich auch dort die Böden anreichern.

*Lilienhähnchen sind
rot und gut zu erken-
nen. Bei Gefahr lassen
sie sich jedoch rück-
lings von der Pflanze
auf die Erde fallen, wo
ihre dunkle Unterseite
sie gut tarnt.* →

PFLEGE DURCH AMEISEN

Auch Tiere haben Interesse an Kräutern – nicht nur, wenn es
um die Bestäubung geht. Die **Zaun-Wicke** kommt oft von ganz alleine in den
Garten. Trotz ihres Aussehens – violette Lippenblüten und zarte Fiederblättchen –
ist sie nicht unbedingt beliebt, da sie recht durchsetzungsstark ist. Wo sie wächst,
lassen sich aber in dieser Jahreszeit immer auch Ameisen beobachten. Denn die
Zaun-Wicke hat kleine Nebenblätter, auf denen sich Nektardrüsen befinden. Den
süßen Saft mögen die Ameisen. Sie besuchen die Pflanze regelmäßig, um davon zu
trinken. Damit ihnen niemand in die Quere kommt, wehren sie andere Tiere ab, so
zum Beispiel auch Schmetterlingsraupen, die der Wicke durch ihren Appetit auf
frisches Grün schaden könnten. Eine Ausnahme gibt es allerdings: die Schwarze
Bohnenlaus, die sonst gerne auch an Buschbohnen oder Roten Beten sitzt. Sie darf
sich ganz nach Belieben auf der Wicke tummeln. Denn die Laus scheidet
Honigtröpfchen aus, die die Aufpasser ebenfalls sehr gerne mögen. Die Ameisen
managen alles und lassen so viele Läuse zu, wie die Pflanze noch gut vertragen
kann. So profitieren sie gleich in doppelter Hinsicht von der Zaun-Wicke.

TIERISCHE MITBEWOHNER

Andere Tiere suchen Pflanzen auf, weil sie Hunger haben. An der Brennnessel zum
Beispiel fressen die Raupen zahlreicher Schmetterlinge. So stachelig für Menschen,
so nahrhaft sind die Blätter für den Admiral, den Kleinen Fuchs, das Tagpfauenauge und das Landkärtchen. Die Raupe des Schwalbenschwanzes ist dagegen eher
an der Wilden Möhre zu finden, die ein paar Wochen später aufblüht. Die Kratz-
distel, die ebenfalls bald ihre Knospen öffnet, bietet gleichfalls Lebensraum für viele Tiere: Ihre Stacheln schützen davor, gefressen zu werden. Die Raupen des

Distelfalters und der Kletteneule ernähren sich von ihren Blättern, in den Stängeln leben Käferlarven: Hier knabbern sich der Distelbock und der Distelrüssler munter durch. Später im Jahr frisst der Distelfink die Samen.

Dreckschicht und Schaumbad

Raupen sind mit bloßem Auge erkennbar, manch andere Larven weniger. Die der **Wiesenschaumzikade** haben sogar ein besonderes Versteck. Kuckucks-Lichtnelke, Wiesenschaumkraut, aber auch Ginsterpflanzen sehen hin und wieder so aus, als hingen Spucketropfen an ihnen. Kuckucksspeichel werden die Schaumflocken auch genannt, die sich an Stängeln und Zweigen befinden. Darin sitzen, gut verborgen, die Larven der Zikade. Wie bei allen anderen Schaumzikaden produziert die Larve die Flüssigkeit selber. Sie saugt Pflanzensaft und scheidet überflüssige Feuchtigkeit aus. Indem sie Luft hineinbläst, entstehen Bläschen. In dieser feuchten Umgebung kann sich die Larve besonders gut entwickeln, ist aber auch vor Feinden geschützt.

EXPERTEN
WISSEN

THEMA: MANIPULATION
PROF. DR. CAROLINE MÜLLER

BLATTLÄUSE BEEINFLUSSEN DIE PFLANZE,
AUF DER SIE LEBEN.

Was passiert, wenn eine Blattlaus am Rainfarn saugt? Wir erforschen die chemische Sprache, die zwischen Pflanzen und Insekten stattfindet. Dazu haben wir uns den Rainfarn näher angeschaut und zwei Blattlausarten, die sich darauf spezialisiert haben. Sie saugen seinen Pflanzensaft, den sogenannten Phloemsaft. Eine der Blattlausarten saugt lieber an älteren Blättern. Wenn sie das tut, verändert sich die Zusammensetzung des Safts in eine bestimmte Richtung – wir denken, dass er für die Blattlaus dann optimaler zusammengesetzt ist. Sie konstruiert sich quasi ihre optimale Nische. Ob es eine gezielte Manipulation oder eine Reaktion der Pflanze ist, kann letztendlich schwer unterschieden werden. Aber die Pflanze reagiert auf unterschiedliche Blattlausarten auf ganz verschiedene Weise, der Saft ändert seine Zusammensetzung je nachdem, welche Blattlausart saugt. Daraus könnte man schließen, dass die Blattläuse die Pflanze spezifisch manipulieren. Für den Rainfarn wäre es ja eigentlich am besten, so zu reagieren, dass die Blattlaus wieder loslässt. Das kennt man von anderen Pflanzen, die verstärkt Giftstoffe produzieren, wenn sie angeknabbert werden. Das Besondere hier ist aber, dass sich die Blattläuse als Spezialisten ausgesprochen gut auf dem Rainfarn entwickeln. Zu stark sollten sie die Pflanze jedoch nicht manipulieren können, denn die Pflanze muss ja noch funktionieren.

Etwa 50 Tage lang lebt sie in ihrem Schaumbad, häutet sich in der Zeit fünf Mal und kommt schließlich als grüne Zikade hervor. Innerhalb weniger Tage verfärbt sie sich braun. Bald sucht sie sich einen Partner und paart sich. Weibchen legen dann ihre Eier direkt an eine geeignete Wirtspflanze. Für diese ist das im Grunde harmlos, nur wenn sehr viele Zikaden auf ihr leben, kann sie geschwächt werden.

Eine perfekte Tarnung hat auch die Larve des **Lilienhähnchens**. Die leuchtend roten Käfer, die sich vor allem an Lilien finden, sind gut sichtbar. Eigentlich sind sie schön anzusehen, die Lilien weniger, wenn sie einmal befallen sind. Denn die Käfer fressen Löcher in das Laub. Störenfrieden gehen sie aus dem Weg, indem sie sich auf den Boden fallen lassen, mit dem roten Rücken nach unten. Auf der Erde ist ihr brauner Körper kaum auszumachen. Die Larven gehen sogar noch einen Schritt weiter mit der Tarnung: Sie sehen selber aus wie ein Erdklümpchen oder ein kleiner Schmutzhaufen auf dem Laub. Sie schützen sich gegen Fressfeinde, indem sie ihren Kot auf dem Rücken ablegen. Das ist nicht nur aus menschlicher Sicht unappetitlich, offenbar verhindert es auch, dass sie von Vögeln gefressen werden.

FLECKEN UND FORMEN

Grün blüht in diesen Wochen die **Zypressenwolfsmilch**. Oft wird sie angepflanzt, gelegentlich kommt sie auch alleine. Sie breitet sich schnell aus und wird dann meist gejätet. Dabei hat sie durchaus einen Platz im Garten verdient, denn in der freien Natur ist sie an immer weniger Standorten anzutreffen. Die Zypressenwolfsmilch braucht mageren Boden, der heute selten ist, bedingt durch die hohen Nährstoffeinträge aus der Umwelt in Form von Stickoxiden. Das ist auch ein Problem für einen Nachtfalter, der sich auf die Pflanze spezialisiert hat: der Wolfsmilchschwärmer. Seine Raupen ernähren sich von dem Laub – wo es keine Zypressenwolfsmilch mehr gibt, können auch die Schwärmer nicht mehr leben und sich fortpflanzen.

Für gewöhnlich sieht die Pflanze frisch und grün aus, hat dichtes Laub, die Stängel sind von einer hellgrünen Blüte gekrönt. Manchmal sieht die Pflanze aber merkwürdig verformt aus. Sie wächst schwächlich, bekommt lange dünne Stängel, auf denen ein allenfalls blütenähnliches Gebilde sitzt. Dies ist das Zeichen, dass ein Parasit auf ihr lebt: der **Erbsenrostpilz**. Er bringt die Pflanze sogar dazu, ein wenig Nektar zu produzieren, mit dem Insekten angelockt werden. Wenn diese von Blüte zu Blüte fliegen, tragen sie auch immer eine Portion Pilzsporen mit sich und sorgen so für die Befruchtung der Pilze. Auf der Unterseite der Wolfsmilch-Blätter reifen die Sporen heran, die dann vom Wind fortgetragen werden. Aus Sicht des Erbsenrosts hat die Pflanze für diese Saison ausgedient. Er benötigt jetzt andere Zwischenstationen auf Schmetterlingsblütlern, etwa Erbsen oder Hornklee. Im kommenden Jahr beginnt sein Zyklus von Neuem – auf der Wolfsmilch.

Auch andere unsichtbare Sporen fliegen jetzt durch die Luft. Der **Birnengitterrost** beginnt in diesen Tagen sein sommerliches Leben auf der Birne: Leicht ist er an den orange-rostroten Flecken zu erkennen, die er auf den Blättern verursacht. Seine Sporen kommen vom Wacholder herübergeweht – dort sind gelblich-braune Sporenlager zu sehen. Er dockt an den Birnbaum an und breitet sich schnell aus. Später im Jahr wuchert er braun an der Unterseite der Blätter, wo dann die Wintersporen freigesetzt werden. Sie wehen auf den Wacholder, wo der Pilz die kalte Jahreszeit überdauert. Ganz harmlos ist das nicht: Sind die Obstbäume jung, kann der Rost sie nachhaltig schädigen. Ältere, kräftige Bäume stresst und schwächt er. Um zu vermeiden, dass sich der Birnengitterrost weiter hält und ausbreitet, muss schon auf den Wacholder verzichtet werden – allerdings nur auf Zuchtformen. Der Gemeine Wacholder ist resistent gegen einen Befall.

LEBEN IN BLÄTTERN UND BÄUMEN

Auf den Blättern von Linden sind manchmal eigenartige kleine rote Zipfel zu sehen: Was da wie Teufelshörnchen aus der Blattoberfläche ragt, sind die Gallen der **Lindengallmilbe**. Verursacht wurden sie von den winzigen Milbenweibchen, die vor einigen Wochen, im Frühling, begonnen haben, an den frischen Blättern zu saugen. Durch ein Hormon, das sie beim Saugen abgeben, beginnt das Lindenblatt an dieser Stelle zu wuchern – eine Galle entsteht. Das Weibchen legt seine Eier hinein, aus denen bald Larven schlüpfen. Sie ernähren sich von dem Gewebe im Inneren der Galle, bis sie selber am Blatt saugen, sodass das Gebilde immer weiterwächst. Mehrere Generationen von Milben kann es in einer Galle geben. Die Weibchen überwintern an den Knospen der Linde, und im nächsten Jahr geht es weiter.

Ganz andere Formen ruft die **Lindengallmücke** hervor: Ihre Gallen ähneln halben Erbsen, später kleinen Kratern. Hier entwickelt sich eine Larve aus einem auf dem Blatt abgelegten Ei. Sie fällt im Sommer mit der Galle gemeinsam auf die Erde. Im kommenden Frühling schlüpfen die Mücken, vermehren sich und legen wiederum Eier auf das junge Laub. Auch wenn sie auffällig aussehen: Die Teufelshörnchen und die anderen Gallen schaden dem Baum nicht.

**DIE ERDHUMMEL
IM FRÜHSOMMER**

Tief verborgen in der Erde legt die Königin im Nest ihre Eier. Durch ein Pheromon, einen chemischen Duftstoff, sorgt sie dafür, dass lediglich Arbeiterinnen schlüpfen. Jungköniginnen und Drohnen werden zu dieser Jahreszeit noch nicht benötigt.

Auch auf alten Eichen leben etliche verschiedene **Eichengallwespen**. Sie nisten sich im wahrsten Sinne des Wortes an den Blättern, Zweigen und Wurzeln ein und verursachen blasen- und kugelförmige Auswüchse.

Doch auf Eichen gibt es noch viel mehr Leben: Von ihren Blättern ernähren sich die Raupen von rund 100 verschiedenen Schmetterlingen. Direkt nach dem Austrieb ist das Laub noch weich, später wird es hart, bitter und enthält viele Tannine. Damit die Tiere das ganz frische Grün fressen können, legen Falter wie zum Beispiel der **Kleine Frostspanner** (→ Seite 131) ihre Eier schon im Herbst auf dem Baum ab. Im Idealfall schlüpfen die Raupen, wenn das Laub austreibt. Sind sie zu früh, finden sie keine Nahrung, sind sie zu spät, bekommen ihnen die Blätter nicht mehr. Das sich verändernde Klima kann das fein aufeinander abgestimmte Zusammenspiel durcheinanderbringen.

An manchen Eichen treten jetzt große Mengen haariger Raupen auf, die im Gänsemarsch hintereinander her oder auch wie ein breites Band nebeneinander laufen: **Eichenprozessionsspinner**. Sie haben im Ei überwintert und sind vor

Kurzem geschlüpft. Die Raupen leben vom Laub, werden größer und häuten sich mehrmals. Nach der dritten Häutung bekommen sie Brennhaare, die sehr fein sind und beim Menschen Allergien auslösen können. Dem Baum schadet ein Befall, der meist spektakulär aussieht, nur wenig – sofern er sich im nächsten Jahr regenerieren kann. Vögel mögen die haarigen Raupen nicht, aber für den Großen Puppenräuber sind sie ein gefundenes Fressen (→ Seite 45).

EIGENER WASSERVORRAT

In diesen Wochen wächst die **Wilde Karde**, die als flache Rosette am Boden überwintert hat, allmählich zu einer hohen Pflanze heran. An Weg- und Waldrändern wird sie wegen ihrer markanten Struktur geschätzt, ist aber immer öfter auch in Gärten zu sehen. Vor allem in trockenem Zustand ist die Pflanze bekannt, denn sie überdauert lange und wird als Schmuck ins Haus geholt. Aber vorerst hat die Karde noch ganz andere Aspekte zu bieten. Ehe sich ihre stachelige Blüte formt, wachsen die Blätter lang und spitz heran, und dort, wo sie am Stiel ansetzen, bilden sie eine Vertiefung. Bei Regen sammelt sich hier das Wasser, sodass richtige kleine Tümpel entstehen, etwa so groß wie Eierbecher. Vögel trinken daraus, es landen Blütenblättchen darin, zum Beispiel vom Storchschnabel. Hin und wieder ertrinken aber auch Insekten in der Flüssigkeit. Welchen Nutzen die Karde von diesem Wasservorrat hat, ist noch nicht genau geklärt. Möglicherweise soll er Ameisen daran hindern, zur Blüte hinaufzuklettern. Oder die Pflanze nutzt den Stickstoff, den sie aus den verwesenden Insekten zieht: Karden mit vielen gut gefüllten Wasserbecken sollen mehr Samen ausbilden als andere. Blühen wird die Karde erst in ein paar Wochen. Dabei öffnen sich nie alle der kleinen helllila

DER GIERSCH IM FRÜHSOMMER

Richtig hoch gewachsen ist der Giersch in den letzten Wochen. Auf Stängeln, die bis zu einem Meter hoch werden können, sitzen jetzt die feinen Blüten: weiße Dolden, die aussehen wie Spitze. Schöner kann ein Kraut kaum sein, und auch den Insekten gefällt es.

Einzelblüten gleichzeitig, sodass sie immer ein wenig gerupft aussieht. Hummeln und Bienen, aber auch Schmetterlinge kommen dann, um sich Nektar zu holen. Später bilden sich Samen, die Vögel wie der Distelfink im Winter fressen. Aus den Samenkörnern keimen neue Karden, die im nächsten Jahr zu einer Blattrosette heranwachsen. Erst im zweiten Jahr werden sie groß, bis zu zwei Meter, und blühen.

MUNKELN IM DUNKELN

Es wird immer später dunkel, und oft ist es schon angenehm warm. Menschen bleiben nun gerne lange draußen und stellen fest, dass im Dunkeln richtig viel los ist im Garten. Die **Nachtschwärmer** sind jetzt auf Nahrungssuche. Kaum ist eine Kerze angezündet, kommen die Motten, denn Licht zieht die Tiere an. Meist, aber nicht immer, tragen Gammaeule, Brauner Bär und andere Schwärmer Tarnfarben wie Braun und Grau. Denn tagsüber sitzen sie an Baumstämmen und sind auf diese Weise gut getarnt. Erkennbar sind Nachtfalter im Vergleich zu Tagfaltern daran, dass ihre Flügel in Ruhestellung geöffnet sind und nicht zusammengeklappt. Auch haben ihre Fühler keine keulenförmige Verdickung am Ende, sondern können ganz unterschiedliche Formen haben. Die meisten von ihnen sind im Dunkeln aktiv, aber einige wie das Taubenschwänzchen auch am Tage.

Doch auch die **Fledermäuse** sind nun hungrig: Sie haben es vor allem auf die Falter abgesehen. In der Nähe von Lampen und Laternen werden sie schnell satt. Manche Falter entkommen allerdings: Sie können den Ultraschall der Fledermäuse wahrnehmen und haben somit einen kleinen, rettenden Vorsprung vor den Verfolgern. Fledermäuse jagen im Flug und ernähren sich von Mücken, Fliegen und Faltern. Wenn es dunkel wird, verlassen sie ihren Schlafplatz in Mauern, Dachböden oder Baumhöhlungen. Während sie fliegen, senden sie Ultraschallwellen aus. Trifft so eine Schallwelle auf ein Objekt, nimmt die Fledermaus ein Echo wahr und weiß dadurch, wo sich zum Beispiel ein Beutetier befindet. Blitzschnell fängt sie es in der Luft, es sei denn, es kann durch den Vorsprung die Richtung ändern und entkommen. Manche Falter wie Angehörige der Bärenspinner etwa haben

<hr>

WIE LEUCHTEN
DIE GLÜH-
WÜRMCHEN?

<hr>

Die Drüsen in ihrem Körper erzeugen einen Stoff, das Luciferin, sowie Luciferase-Enzyme, die das Luciferin spalten. Bei dieser chemischen Reaktion wird Licht freigesetzt. Biolumineszenz heißt diese Fähigkeit. Je heller, desto besser sind die Chancen bei der Partnerwahl!

noch eine andere Möglichkeit: Sie können selber feine Ultraschallwellen erzeugen, die die Jäger ablenken und vertreiben. Sie sind damit erfolgreich, weil es sich ohnehin um Falter handelt, die für die Fledermaus ungenießbar sind.

Ähnlichen Effekt mögen auch die Lichtpünktchen im Garten haben, die mit etwas Glück in diesen Wochen zu sehen sind: **Glühwürmchen** bzw. der Kleine und der Große Leuchtkäfer. Während die Männchen wie glatte braune Käfer aussehen, haben die Weibchen einen ungewöhnlich länglichen, segmentierten Körper, der an die Larve erinnert. Sie können nicht fliegen. Glühwürmchen verbringen den größten Teil ihres Lebens als Larve – drei Jahre vergehen vom Schlüpfen aus dem Ei bis zur Verpuppung. In diesem Stadium fressen sie vor allem Schnecken, die sie mit einem Giftbiss erlegen, weswegen sich Gärtner über Glühwürmchen im Garten freuen. Zwar leuchten auch schon die Larven, etwa wenn sie sich bedroht fühlen. Bei den geschlüpften Käfern dient das Licht aber der Partnerwahl. Die Männchen fliegen und geben Leuchtsignale, auf die die Weibchen, die am Boden sitzen, ihrerseits mit Licht reagieren. Schwächere oder kleinere Weibchen können übersehen werden. Doch so schön das Leuchten im Garten ist – die Dauer ist nur kurz. Nach etwa einer Woche sterben die Glühwürmchen. Aber aus den Eiern, die sie gelegt haben, schlüpfen noch im Sommer die Larven.

← *Werbung mit Lichtsignal: Je heller ein Glühwürmchen leuchtet, umso mehr fällt es im Dunkeln auf und umso eher findet es Partner oder Partnerin für die Fortpflanzung.*

4.

HOCHSOMMER

JOHANNISBEEREN WERDEN ROT.

Nicht nur Johannisbeeren, auch Himbeeren, Stachelbeeren und Süßkirschen reifen. Äpfel beginnen, Farbe anzunehmen. Jetzt, im Hochsommer, ist der Lavendel voll aufgeblüht, und auch die Wilde Möhre öffnet ihre weißen Dolden. Wo Linden stehen, verbreitet sich ein süßer Duft: Sie blühen. Die Sonne hat viel Kraft. Es ist warm, höchste Zeit für Liegestuhl und Planschbecken.

MIT DER KARTOFFELBLÜTE BILDEN SICH ERSTE KNOLLEN.

WAS SEHE ICH?

Reife Beeren, weiße Dolden. Taubenschwänzchen am Schmetterlingsflieder. Emsige Bienen, die kleine Wollknäuel transportieren.

WAS SEHE ICH NICHT?

Gut getarnte Krabbenspinnen. Bläulingsraupen, die sich ins Ameisennest haben tragen lassen, das Öffnen und Schließen von Blüten durch Wachstum.

SCHON VON WEITEM LEUCHTET ES ROT IM GARTEN. Die Johannisbeersträucher hängen voller Früchte, die Äste biegen sich unter der Last. Einige frühe Beeren sind längst gepflückt, schön sauer und voller Vitamin C, aber jetzt steht die große Ernte an. Lediglich die schwarzen Sorten lassen noch auf sich warten. Auch der Apfelbaum hängt voller Früchte. Noch sind sie grün, doch bis die ersten essbar werden, dauert es nicht mehr lange. Im Pflaumenbaum ist gleichfalls alles grün, bis auf eine späte, violette Clematis, die hinaufgeklettert ist. Sie wird von Bienen und Hummeln umschwärmt.

Ein ungewöhnlich intensives Blau bringt jetzt die Wegwarte in den Garten. Wenn sie blüht, ist der Hochsommer da. Gerne wächst sie an Wegrändern, was ihr den Namen eingebracht hat, passt aber auch gut in ein naturnah gestaltetes Beet. Denn die Blüten, die am Vormittag geöffnet sind, bieten nicht nur etwas fürs Auge, sondern auch Nektar für Bienen und andere Insekten. Die Wegwarte wirkt zierlich, ist jedoch zäh und äußerst fest in ihrer Umgebung verankert: Ihre Pfahlwurzel reicht tief in die Erde. Aus dieser Pflanze hat man bittere Blattgewächse wie Chicorée und Zuckerhut herausgezüchtet, und aus ihrer gerösteten Wurzel wird Zichorienkaffee hergestellt.

Hohe Akzente im Beet setzen Stockrosen, die jetzt ebenfalls in voller Blüte stehen. Auch Oregano oder Wilder Majoran lockt die Insekten an. Den Nektar seiner kleinen rosafarbenen Lippenblüten wissen Honigbienen zu schätzen, aber auch Schwebfliegen und Schmetterlinge. Mit etwas Glück lässt sich ein Schachbrettfalter entdecken. In den nächsten Wochen wird der Oregano Samen ausbilden, die sich im Herbst einen Platz im Garten suchen. Das Kraut breitet sich schnell aus – um das zu unterbinden, müsste es jetzt gejätet werden, was aber schwerfällt angesichts der schönen Blüten, die für die Tiere so viel Nahrung bieten.

Doch nach dem rasanten Frühsommer scheint es nun ruhiger zu werden im Garten. Noch ist alles grün, und üppige Blüten vertuschen die ersten Anzeichen der Vergänglichkeit. Denn der Höhepunkt der Saison ist überschritten. Der imposante Sternkugellauch hat grüne Samen angesetzt. Die ersten Rosen tragen bereits Hagebutten. Auch andernorts wird es reif: Auf dem Gemüsebeet können bald die ersten Kartoffeln geerntet werden. Die Bohnen ranken noch an ihren Stangen: die auberginenfarbene 'Blauhilde', die ihren dunklen Ton beim Kochen verliert, aber sehr gut schmeckt, und die langen, gewellten Schoten der Sorte 'Schlachtschwert'. Die Zuckererbsen sind längst geerntet, auch die erste Rote Bete ist schon gegessen. Fenchel und Petersilie schießen jetzt in die Höhe und setzen zur Blüte an.

FRÜHAUFSTEHER UND NACHTEULEN

Der Garten verändert sich im Lauf des Tages. In der Früh ist es ruhig, Tau liegt auf dem Gras und perlt von den Blättern des Frauenmantels ab. Auch die Dolden des hochgeschossenen Fenchels wirken feucht. Der Löwenzahn ist noch geschlossen,

THEMA: ROTE BEEREN
DR. PATRICK KNOPF

PAKETDIENST DURCH VÖGEL

Pflanzen wie die Johannisbeere wollen ihre Samen möglichst weit ausbreiten, damit der zukünftige Sämling fernab der Mutterpflanze genügend Platz zum Wachsen hat. Optimal ist es, wenn die Samen in einem Tierkörper durch die Gegend getragen und gleich mit einer Portion Dünger ausgeschieden werden. Der optimale Paketdienst! Wissenschaftlich spricht man dabei von Endozoochorie. Singvögel sind geeignete Transporteure, im Gegensatz zu Hühnern, in deren Muskelmagen Samen mit Steinchen zermahlen und verdaut würden. Damit das funktioniert, muss es aber auch irgendetwas für das Tier bringen. Eine grüne, harte Johannisbeere will keiner gerne essen. Aber wenn sich die Stärke in der Beere in Zucker verwandelt, wird es interessant. Der Vogel bekommt Kohlenhydrate in Form von Traubenzucker. Damit er die Frucht im Busch gut findet, ist sie rot gefärbt, denn die Farbe ist für Vögel besonders attraktiv. Farbstoffe, wie Anthocyane, sind sowieso vorhanden, da sie zum Beispiel als Sonnenschutz bei jungen Trieben im Einsatz sind. Vögel reagieren auch gut auf Kontraste: Schwarze Frucht, roter Stiel? Nehme ich! Und dann sehen wir zu, dass die Frucht so klein ist, dass sie auch noch durch einen Vogelschnabel passt: Pflanzen, die solche Früchte haben, breiten sich besser und schneller aus als andere – survival of the fittest. Im Prozess der Koevolution wurde dies unendlich oft neu probiert.

die Ringelblumen komplett zusammengefaltet. Hundsrose und Klatschmohn sind dagegen früh wach, ihre Blüten sind bereits geöffnet. Nur wenige Stunden später herrscht eine ganz andere Atmosphäre: In der Luft schwirrt es, am Lavendel brummen die Hummeln, Schwebfliegen schwirren um die Dolden des Fenchels. Die Ringelblumen haben sich weit geöffnet, hier suchen Bienen nach Nektar und Pollen.

Gegen Abend wird es wieder ruhiger, die Aktivität im Garten nimmt ab. Wildrosen und Löwenzahn schließen sich, der Mohn hat bereits seine Blütenblätter fallen lassen. Doch dann kommt im Beet auf einmal Zitronengelb hinzu: Die **Nachtkerzen** öffnen ihre Knospen. Tagsüber, in geschlossenem Zustand, wirken sie rötlich und unscheinbar. Doch in der Dämmerung brechen sie auf und entfalten binnen weniger Minuten ihre frischen gelben Kronblätter. Kurz darauf duftet es: Die Pflanze lockt ihre Bestäuber an. Doch so schön sie sind, so vergänglich sind die Blüten: Im Gegensatz zu Gänseblümchen etwa schließen sie sich nicht, um am nächsten Tag wieder zu erblühen, sondern sie verwelken. Nachtkerzen haben viele Dutzend Knospen, manche Pflanzen sogar mehr als hundert Stück, von denen sich in jeder Nacht nur ein paar – selten mehr als fünf – öffnen.

Nächtliche Besucher

Nachtfalter kommen zu den Blüten, zum Beispiel der Mittlere Weinschwärmer, die Gammaeule, vor allem aber der auf diese Pflanze spezialisierte Nachtkerzenschwärmer. Sie interessieren sich für den Nektar, den die Blüte anbietet, nehmen dabei aber auch den Pollen mit. Dieser hängt nicht lose an den Staubfäden, sondern in einem feinen Gespinst, das die Bestäuber unfreiwilligerweise mit sich forttragen. Erst wenn eine Blüte einige Zeit geöffnet ist, richtet sich der Griffel mit der Narbe auf: Er nimmt den Pollen auf, den Bestäuber von anderen Blüten herbeibringen. Die Nachtkerze kann sich allerdings auch selber bestäuben, bevor sie sich richtig geöffnet hat. Bis in den frühen Morgen leuchten die Blüten gelb in der Dämmerung, sodass Bienen und Hummeln, die früh unterwegs sind, auch noch eine Chance haben. Im Laufe des Vormittags verwelken sie. Dann bilden sich Samen, die ein paar Wochen später mit dem Wind fliegen und sich einen Platz suchen. Die Nachtkerze wächst scheinbar überall, ob im Beet oder am Wegrand, an Böschungen und Autobahnen. Sie wirkt wie eine Einheimische, wurde aber bereits vor rund 400 Jahren aus Nordamerika eingeführt und hat sich seither bei uns verbreitet.

Auch andere Pflanzen öffnen ihre Blüten zu bestimmten Zeiten, womit sie die Bestäuber anlocken, die genau dann unterwegs sind. Wenn alles blüht, ist die Konkurrenz nämlich entsprechend höher. Die Gewächse richten sich vor allem nach dem Licht, zudem nach der Temperatur und der Luftfeuchtigkeit.

MOHN UM FÜNF

Dass Gewächse zu unterschiedlichen Zeiten blühen, hat schon der schwedische Naturforscher Carl von Linné Mitte des 18. Jh. zum Anlass genommen, eine **Blumenuhr** zusammenzustellen. Im Botanischen Garten der Universität Uppsala, an der er Professor war, pflanzte er entsprechende Blumen auf ein Beet, rund wie ein Zifferblatt – jeweils an die Position der Uhrzeit, zu der sie ihre Blüten öffnen.

Zu den ersten, die sich am frühen Morgen entfalten, gehören Mohn, Kürbispflanzen und die Hundsrose. Meist sind diese schon ab der Dämmerung bereit, gegen fünf Uhr. Etwa eine Stunde später, um sechs Uhr, folgen die Wegwarte, das Schmalblättrige Weidenröschen, Huflattich und die Zaunwinde. Um acht Uhr sind meist Ringelblumen und Sumpfdotterblumen erblüht. Neun Uhr ist die Zeit von Tulpen, Margeriten und Enzian, wo er wächst. Am Vormittag bis zur Mittagszeit öffnen sich Stockrosen und Kleines Tausendgüldenkraut. Einige Stunden später, ab etwa 18 Uhr, blühen das Geißblatt und die Acker-Lichtnelke auf – sie sind erkennbar an ihrem Duft, den sie in der Dämmerung verbreiten. Es folgen die Abend-Levkoje und die Nachtkerze. Wo sich ein Stechapfel angesiedelt hat, lässt sich jetzt auch beobachten, wie sich die zipfelige weiße Blüte auseinanderdreht – genauso machen es seine kultivierten, gelb blühenden Verwandten, die Engelstrompeten. Das Öffnen und Schließen von Blüten geschieht nicht durch ein mechanisches Ein- und Aufklappen, sondern durch Wachstum. Scheint die Sonne auf die Blüte, wachsen die Blütenblätter auf der Oberseite, sie dehnen und öffnen sich. Beim Schließen wächst die andere Seite der Blütenblätter, es entsteht eine Bewegung nach innen.

Im Laufe der Evolution konnten sich **Bestäuber und Pflanzen** aufeinander einspielen. Manche Schmetterlinge haben sich an die Öffnungszeit bestimmter Blüten angepasst – oder umgekehrt: Die Pflanze blüht, wenn die Lebewesen unterwegs sind, die ihre Fortpflanzung ermöglichen. So haben auch Falter ihre Lieblingszeiten. Andere suchen, wenn sie unterwegs sind, die vielversprechendsten Blüten auf und merken sich, wann sie dort etwas finden. Denn selbst wenn die Blüte geöffnet ist, sind nicht unbedingt Nektar und Pollen vorhanden, manche Pflanzen produzieren mit Zwischenpausen. Honigbienen zum Beispiel können sich nicht nur merken, wo, sondern auch wann etwas zu holen ist – und sind klar im Vorteil. Je früher am Morgen oder später am Abend sich eine Blüte öffnet, desto weniger Konkurrenz hat sie. Ähnlich ist es für die Tiere: Je weniger andere Schmetterlinge unterwegs sind, desto mehr Nahrung finden sie. Die Nachtfalter (→ Seite 65) haben sich gänzlich der Dunkelheit angepasst, so wird der Ligusterschwärmer meist erst nach 21 Uhr aktiv.

DIE ERDHUMMEL IM HOCHSOMMER

An vielerlei Blüten im Garten finden Hummeln jetzt Nahrung. Der Staat ist inzwischen auf mehrere Hundert Tiere angewachsen. Doch noch immer sind vor allem Arbeiterinnen zu sehen. Manche von ihnen legen jetzt selber Eier, aus denen sich Drohnen entwickeln.

RAUPEN UND AMEISEN

Ameisen pflegen nicht nur zu Blattläusen eine enge Beziehung (→ Seite 58). Auch an Raupen können sie Gefallen finden, zum Beispiel an denen des Bläulings. Denn diese sind auf nahrhafte, stickstoffhaltige Pflanzen wie Klee spezialisiert, wo sie so viele Nährstoffe finden, dass sie Honigtröpfchen ausscheiden können. So etwas interessiert Ameisen, die immer Kohlenhydrate brauchen können. Daher hegen und pflegen sie diese Futterquelle und verteidigen sie gegen andere Tiere, vor allem wenn die Raupen auch noch genau so riechen wie die Ameisen selber.

Der Helle und Dunkle **Wiesenknopf-Ameisenbläuling** haben ein ungewöhnliches Leben. Jetzt im Hochsommer sind sie in der Nähe des Großen Wiesenknopfs zu sehen, einer Pflanze mit den dunkelroten Knöpfchenblüten auf langen Stielen, die im Wind wogen. Zusammengeklappt sind die Flügel der blau schillernden Falter bräunlich und tragen schwarze Flecken mit einer feinen weißen Umrandung.

Ein Falter, der jetzt fliegt, hat sein Dasein im vergangenen Sommer auf einer Blüte begonnen. Dort ist er als Raupe aus dem Ei geschlüpft und hat sich zunächst von den dunkelroten Blüten der Pflanze ernährt – da der Wiesenknopf unzählige davon hervorbringt, lässt sich diese Fülle gerne mit den hungrigen Tieren teilen. Nach einigen Häutungen hat sich die Raupe zu Boden fallen lassen, um in ihr Winterquartier zu gelangen: den Bau der **Roten Gartenameisen**. Die Raupe hat den gleichen Geruch wie die Ameisen, sodass diese sich ihrer annehmen und sie in ihr Nest tragen. Dort hat sie sich monatelang pflegen lassen und mit ihrem süßen Sekret die Ameisen zufriedengestellt, die offenbar nicht bemerken, dass sie einen Räuber in den Bau geholt haben. Denn eine Bläulingsraupe frisst, wenn die Verpflegung durch die Ameisen nicht ausreicht, auch Hunderte von deren Larven, ehe sie sich verpuppt. Brenzlig wird es für den Schmetterling erst, wenn er im Sommer als Falter schlüpft. Dann muss er ganz schnell sein, sonst sehen die Ameisen in ihm plötzlich einen unbekannten Eindringling, den sie eher als Futter denn als Gast behandeln.

Nur eine Woche oder ein paar Tage länger sind den erwachsenen Wiesenknopf-Ameisenbläulingen vergönnt, in dieser Zeit paaren sie sich, und die Weibchen legen Eier an die Blüten. In wenigen Wochen schlüpfen die Raupen, die dann den Weg zu den Ameisen antreten. Wenn sie Pech haben, fallen sie allerdings einem Parasiten zum Opfer,

DER GIERSCH IM HOCHSOMMER

Wo ist die Blütenpracht hin? Der Giersch sieht nun etwas heruntergekommen aus. Die Dolden stehen voller grüner Samenkörner, werden ansonsten aber allmählich kahl. Das Laub ist auch nicht mehr das frischeste. Der Giersch hat offensichtlich seine beste Zeit hinter sich.

THEMA: WILDBIENEN
MARJA ROTTLEB

DIE TIERE BRAUCHEN VIELFALT IM GARTEN.

Setzen Sie eine Vielfalt heimischer Blütenpflanzen, erlauben Sie ein bisschen Wildnis im Garten und verwenden Sie keine Gifte. Lassen Sie Kräuter blühen, davon profitieren Wildbienen. In Gehölzen mit markhaltigen Zweigen wie dem Holunder können sie nisten. Wichtig ist aber vor allem die Verknüpfung verschiedener Lebensräume: Die Sandbiene zum Beispiel braucht sowohl offenen Boden, in dem sie nistet, als auch Totholz, das sie als Baumaterial nutzt. Im Sommer benötigen Bienen, wie andere Insekten, Wasser. Am besten können sie in einer flachen Schale trinken, in der Glasmurmeln oder Steine liegen. Davon profitieren auch Hummeln, Schwebfliegen und Schmetterlinge.

einer Schlupfwespenart: Dieses Insekt injiziert ein Ei in die Raupe, die auf der Blüte sitzt und der schlüpfenden Larve als Nahrung dient. Da ihre Futterpflanze in der Natur selten geworden ist, gelten die Wiesenknopf-Ameisenbläulinge als gefährdet. Zum Glück ist die Staude so dekorativ, dass sie gerne in den Garten geholt wird.

FLIEDER FÜR SCHMETTERLINGE

Zu den am üppigsten blühenden Gehölzen gehört jetzt der Schmetterlingsflieder. Mit seinem Namensvetter, dem Flieder, ist er nicht wirklich verwandt, denn dabei handelt es sich um ein Ölbaumgewächs, das in Südosteuropa und Asien beheimatet

FLIEDER FÜR SCHMETTERLINGE

WER BRAUCHT JAKOBSKRAUT ZUM LEBEN?

Für Kühe und Pferde kann das Kraut tödlich sein, für Menschen gesundheitsschädlich: Es enthält giftige Alkaloide. Nur der Jakobskraut-bär, ein schwarz-roter Schmetterling, braucht das Kraut: Seine Raupe ernährt sich von den Blättern und wird somit ungenießbar für Vögel.

ist. Der **Schmetterlingsflieder** dagegen gehört zu den Braunwurzgewächsen und stammt ursprünglich aus China und Tibet, ehe er als Zierpflanze nach Europa geholt wurde. Seine langen, violetten Blütenrispen ziehen viele Insekten an, ganz besonders die Schmetterlinge. Bei Umweltschützern ist die Pflanze umstritten, denn sie gilt als potenziell invasiv (→ Seite 173). Der Schmetterlingsflieder breitet sich schnell aus und kann andere Pflanzen verdrängen. Er wächst aber auch gerne auf Brachen, keimt in Ritzen und sogar im Mauerwerk von Gebäuden. Im Garten ist das Gehölz ebenfalls sehr beliebt. Die hiesigen Tiere schätzen es allerdings nur wegen des Nektars, für Raupen scheint das Laub nicht interessant zu sein.

Mit etwas Glück lässt sich das **Taubenschwänzchen** am Schmetterlingsflieder blicken. Der Schwärmer, der an einen Kolibri erinnert, fliegt aus Afrika ein, um bei uns den Sommer zu verbringen. Mehr als 3000 Kilometer können die kleinen Tiere zurücklegen. Mit ihrem langen Saugrüssel trinken sie Nektar von vielerlei Blüten, auch an Labkraut, Rittersporn und Phlox. Finden sie gute Bedingungen vor, vermehren sie sich hier. Einige Tiere überwintern in warmen Regionen, andere kehren vermutlich in ihre Heimat zurück.

← An einen Kolibri erinnert das Tauben-schwänzchen – ein Wanderfalter, der aus Nordafrika zu uns kommt. Am Sommer-flieder saugt er mit seinem Rüssel Nektar.

Eine auffällig bunte Zeichnung hat der **Distelfalter**, der außer an Disteln auch gerne auf dem Schmetterlingsflieder sitzt. Der Falter fliegt ebenfalls aus dem Süden ein und ist ab dem Frühsommer zu sehen, er pflanzt sich bei uns fort. Die Raupen fressen mit Vorliebe an Disteln, aber auch an Gemüsepflanzen wie Kürbissen. Einen Rückweg treten die Distelfalter nicht an, sie sterben, sobald es kälter wird.

Auch der **Admiral** ist oft auf dem Schmetterlingsflieder zu finden, dazu auf Wasserdost, später im Jahr auf Fetthennen und Efeu. Der Admiral ist ebenfalls ein Wanderfalter, der aber inzwischen – vermutlich wegen es milderen Klimas – durchgängig in Deutschland vorkommt. Viele der Falter ziehen im Sommer nach Norden und kehren im Herbst ins südliche Deutschland zurück, wo sie überwintern.

BÜRSTEN UND FARBEN

Schmetterlingsraupen sind beliebte Beute für Vögel. Mit Tricks wehren sie ihre Fraßfeinde ab. Der **Kleine Bürstenspinner**, der an Schlehdorn und Vogelbeere lebt, hat ein Haarkleid, in dem sich straffe, bürstenartige gelbe und orangefarbene Büschel befinden. So etwas mag kaum ein Vogel in die Kehle bekommen. Noch länger sind die Haare beim Braunen Bär, der aussieht wie ein Fellknäuel, wenn er auf Himbeeren, Hartriegel oder Mädesüß sitzt. Nichts lässt hier auf den Falter schließen, dessen Flügel ein grafisches braun-weißes Muster tragen. Die Raupe des Rotschwanzes, auch als Streckfuß bekannt, wartet nicht nur mit Haaren, sondern auch mit einem roten Büschel am Hinterleib auf, das wie ein Stachel aussieht. So lebt er weitgehend unbehelligt an Buchen, Haltesträuchern und Salweiden.

Die meisten Raupen setzen jedoch auf gute Tarnung. Sie sind grün wie das Laub, auf dem sie leben, oder imitieren kleine Zweige, wie Spanner. Zu den spektakulärsten gehört der **Buchen-Zahnspinner**, der jetzt auf Rot- und Hainbuchen, auf Eichen und an Birken zu finden ist: Seine Raupen sind braun wie die Zweige, auf denen sie sitzen, und haben in Abwehrhaltung eine eigenartige Form, die kaum erahnen lässt, dass es sich hier um ein Tier handelt. Wenn sie Vorder- und Hinterleib erheben, gleichen sie eher einem Stückchen Ast oder einem trockenen Blatt.

Eine ganz andere Tarnung haben die Larven der **Kirschblattwespe**: Auf dem Laub von Kirschbäumen, aber auch auf Rosen oder Felsenbirnen sind derzeit winzige »Nacktschnecken« zu finden, die sich scheinbar verlaufen haben. Doch dieses etwas schleimige Aussehen schützt die kleinen Larven davor, von Vögeln verspeist zu werden. Für den Baum ist das weniger angenehm: Die hungrigen Tiere raspeln die Blätter schichtweise ab, sodass nur noch wenig überbleibt. Einen geringen Befall kann die Pflanze aber gut verkraften. Später verliert die Larve ihren schleimigen Schutz und überwintert am Boden. Im Frühjahr verpuppt sie sich. Die schwarzen Blattwespen, die schlüpfen, sind ausschließlich Weibchen, die ohne das Zutun von Männchen ihre Eier an das Laub der Wirtspflanze legen. Daraus schlüpft eine erste Generation im Frühsommer, die zweite folgt im Hochsommer.

DIE ERDHUMMEL IM HOCHSOMMER

TRICKS UND TARNUNG

Voll erblüht sind jetzt die Wilden Möhren. Auf vielen der Dolden findet sich so etwas wie eine kleine dunkle Knospe: eine Scheinblüte, die meist schwärzlich-violett gefärbt ist. Möglicherweise handelt es sich um ein Scheininsekt, das andere Bestäuber anlocken soll – doch seine Rolle ist noch nicht wirklich geklärt. Denn die Wilde Möhre hat kein Problem mit Besuchern: Die flache Blüte ist gut zugänglich und enthält viel Nektar. Manchmal macht sich das die **Veränderliche Krabbenspinne** zunutze. Die Weibchen können dank Farbstoffen, die sie in sich tragen, mal gelb, mal weiß, mal grünlich aussehen – je nach Untergrund. Die Färbung ist die beste Tarnung, so fängt die Spinne Fliegen, Käfer oder Bienen.

Unter der Erde im Hummelnest verändert sich etwas: Die Königin gibt bei der Ablage der Eier keine Pheromone mehr ab. So schlüpfen bald statt Arbeiterinnen Jungköniginnen und Drohnen. Sie sorgen für den Fortbestand des Volkes.

BLUMEN FÜR BIENEN

In vielen Gärten blüht jetzt der Gilbweiderich und wird mal geliebt, mal gar nicht gerne gesehen. Die Pflanze blüht zwar intensiv gelb, vermehrt sich aber freudig von alleine und macht sich im Gartenbeet breit. Das kann ein Fluch sein, wenn dort

AMSELN HECHELN
BEI HITZE MIT
OFFENEM SCHNABEL.

wenig durchsetzungsstarke Pflanzen stehen. Ein Segen ist der **Gilbweiderich** allerdings für manche Insekten wie die Schenkelbienen. Zwar produziert die Pflanze keinen Nektar, bietet aber, was außergewöhnlich ist, an ihren Staubblättern außer den Pollen auch Öl an. Das benötigen diese Bienen, die sich manchmal sogar auf den Blüten paaren. Sie nisten sehr verborgen unter der Erde und stellen aus den mit Öl vermengten Pollenkörnchen, die an den Beinen abtransportiert werden, kleine Proviantballen her. Von diesen ernähren sich die Larven. Das Öl verwenden sie möglicherweise auch dazu, um die Brutzelle gegen Wasser abzudichten.

Am **Wollziest** lässt sich an Hochsommertagen ein interessantes Treiben beobachten. Ein schwarz-gelbes Insekt, das von der Zeichnung entfernt einer Wespe ähnelt, fliegt zwischen den Blütenständen umher: die Große Wollbiene. Kommt ihr ein Konkurrent in die Quere, wird er weggeschubst – die Wollbienenmännchen bewachen ihr Territorium. Diese Solitärbienen fliegen gerne auf Pflanzen mit weichem, behaartem Laub, denn sie benötigen die Fasern, um ihr Nest zu bauen. Nicht nur der Wollziest, sondern auch Kranz-Lichtnelken sowie Quitten gehören dazu. Das Weibchen schabt die feinen Haare vom Laub dieser Pflanzen ab, formt sie zu einer Wollkugel und transportiert sie an einen sicheren Ort, eine Ritze, Spalte oder einen Hohlraum. Dort baut sie ein Nest daraus. Nektar und Pollen holen sie von Silberraute, Kranz-Lichtnelke, Muskatellersalbei, Ysop und Wolligem Fingerhut.

Ebenfalls am warmen, sonnigen Platz wächst der **Wiesensalbei**. Tief in seinen blauen Lippenblüten sitzt der Nektar, der für Fliegen und Bienen schwer zu erreichen ist. Hummeln dagegen haben einen Rüssel, der hineinreicht. Damit sie aber auch genügend Pollen mitnehmen, um andere Salbeipflanzen zu bestäuben, hat der Salbei eine spezielle Technik entwickelt. Drückt die Hummel mit ihrem Kopf gegen die Staubblätter, die ihr den Eingang zur Blüte versperren, werden die anderen Enden der Staubblätter, die halbrund gebogen aus der Blüte ragen und Pollen enthalten, gegen den Rücken der Hummel gepresst. Dort bleibt der Pollen kleben und wird zur nächsten Blüte transportiert. Ist diese schon länger geöffnet, drücken sich nicht mehr die Staubblätter gegen den Rücken des Bestäubers, sondern die Narbe, die den Pollen vom Rücken der Hummel aufnimmt und somit bestäubt ist.

ES IST HEISS

Pflanzen mit großen, eher zarten Blättern haben es in diesen Wochen schwer: Wenn es richtig warm wird, welken sie schnell. Über ihr Laub verdunsten sie nämlich jede Menge Wasser, das der Boden an heißen Tagen kaum wettmachen kann. Denn die Erde ist hart und bekommt Risse. Dann wird auch das Gras braun, und selbst Gewächse mit zähen Blättern wie Rhododendren sehen mitgenommen aus.

Wohl fühlen sich dagegen Wollziest und Lavendel, Heiligenkraut und Rosmarin. Auch Fetthennen sehen prima aus, sie haben ihre Wasservorräte gut im Laub verstaut und können lange davon zehren. Manchmal nagen sogar Schnecken an diesen Blättern, die sie sonst links liegen lassen. Denn hier finden sie noch ein Restchen Feuchtigkeit. Die silbrigen Pflanzen setzen jedoch auf eine andere Strategie. Meist stammen sie aus Regionen, wo es im Sommer deutlich wärmer und trockener ist als in Deutschland. Nicht nur der Wollziest trägt ein weiches Fell auf seinem Laub. Auch das Heiligenkraut und die Blauraute haben feine Härchen. Sie stammen aus dem Mittelmeerraum beziehungsweise aus Vorderasien und wachsen in kargen Regionen, wo die Sonneneinstrahlung im Sommer immens sein kann. Die Härchen reflektieren nicht nur die Strahlen, sie erhöhen auch die Luftfeuchtigkeit direkt auf der Blattoberfläche (→ Seite 155), das erleichtert es den Pflanzen, durch die Mittagshitze zu kommen. Silbriges Laub hat auch die Königskerze. Erst im zweiten Jahr bildet sie ihren Blütenstand aus, der bis zu zwei Meter hoch werden kann – jetzt im Hochsommer öffnen sich nach und nach ihre gelben Blüten. Die Bienen freut es! Nach der Bestäubung bilden sich Samen, und aus einer Königskerze werden viele.

5.

SPÄTSOMMER

DIE ÄPFEL SIND REIF.

Frühe Zwetschgen, Mirabellen und Aprikosen werden jetzt geerntet. Die kleinen Früchte der Felsenbirnen sind nun essbar, die Beeren der Ebereschen werden rot. In den Beeten blühen die Goldruten und erste Herbstanemonen, aber auch die Besenheide. Im Spätsommer gesäte Salate, Spinat und Radieschen haben noch genug Zeit, zu wachsen und zu reifen.

IM GARTEN BEGINNT NUN DAS GROSSE ERNTEN.

WAS SEHE ICH?

Rote Tomaten und Riesenzucchini.
Aufgeblühte Gräser. Spinnennetze
zwischen trockenen Samenständen
und viele, viele Wespen.

WAS SEHE ICH NICHT?

Raupen in den Pflaumen. Milliarden
von Kleinstlebewesen in der Erde. Von
Pflanzen abgegebene Substanzen, die
das Zusammenleben beeinflussen.

ALLES VERLANGSAMT SICH IM GARTEN. Viele Pflanzen haben ihre Arbeit getan, Wachstum und Blüte beendet. Früchte sind reif, aber auch jede Menge Samen. Die Rosen sind kahl geworden, und wo Verblühtes stehen blieb, bilden sich Hagebutten. Einige Sträucher setzen sogar noch einmal neue Knospen an. Wilde Möhren präsentieren den Insekten ihre letzten Dolden, die sich aber bald, wenn sie Samen ansetzen, kugelförmig zusammenrollen. Die Minze trägt jetzt winzige blassrosa Lippenblüten, und die Prachtkerze hat ihre beste Zeit. Steht sie zwischen Gräsern, weben sich ihre weißen Blüten durch die Halme.

Doch manches nimmt jetzt erst seinen Anfang: Die Goldrute blüht auf, auch Rudbeckien und Duftnesseln, Silberrauten und das Chinaschilf. Erste

Astern und Herbstanemonen läuten bereits eine andere Zeit ein. Auch die Fetthennen haben schon Knospen, die aber noch fest verschlossen sind.

An manchen Tagen ist es noch richtig heiß. Der Boden ist sonnendurchwärmt. War der Sommer trocken, haben Pflanzen alle Mühe, mit den Wurzeln tief in der Erde nach Feuchtigkeit zu suchen. Für manche – die großen, die seit Jahren am Platz stehen – ist das kein Problem. Andere aber, jüngere Gehölze und viele Gemüse, verweigern das Wachstum, wenn sie nicht genügend Wasser bekommen.

Auf dem Gemüsebeet sind jetzt die Bohnen reif, und Zucchini verwandeln sich, schaut man einmal nicht hin, in unterarmlange Riesenfrüchte. Tomaten und Paprika entfalten in der Sonne ihr Aroma. Salat setzt an, in die Höhe zu wachsen und zu blühen, der Baumspinat trägt schon Knospen und will sich in ein paar Wochen versamen. Sind die heißesten, trockensten Sommertage vorbei, wird noch einmal nachgelegt. Radieschen und Feldsalat, Mangold und Spinat können gesät werden. Nicht zu früh, denn wenn es ihnen zu trocken ist, keimen sie nicht. Aber auch nicht zu lange warten, denn jeder Tag, den das Saatgut im Frühherbst später in die Erde kommt, bedeutet etwa eine Woche spätere Reife.

Unter Apfel- oder Zwetschgenbäumen mit Fallobst summt es jetzt vor Wespen: Sie holen sich zuckerhaltige Nahrung (→ Seite 89). Schon seit ein paar Wochen können nicht nur im Garten, sondern auch an Wald- und Wegrändern Brombeeren geerntet werden. An feuchten Standorten sind sie saftiger und größer, an trockenen Feldrändern zäh und schwer zu pflücken. Auch die kleinen, an Blaubeeren erinnernden Früchte der Felsenbirnen sind süß und weich geworden – das bemerken die Vögel meist zuerst und sind schneller als der Mensch.

UNGEBETENE GÄSTE

Oben im Pflaumenbaum hängen die Früchte und nehmen langsam Farbe an. Frühe Sorten können jetzt schon gegessen werden, und in manchen findet sich eine Raupe. Untrügliches Kennzeichen, dass sich hier ein Gast versteckt, ist ein Harzklümpchen außen auf der Schale. Die kleine Raupe gehört zur zweiten Generation des **Pflaumenwicklers**, der schon seit dem Frühsommer im Baum aktiv ist. Die Generation frisst im Früh- und Hochsommer an den unreifen Früchten, an denen die Falter Weibchen Eier abgelegt haben. Die hellroten Raupen nagen sich hinein, und wenn der Baum die Frucht abwirft, landen sie auf dem Boden. Dort verpuppen sie sich, und kurze Zeit später schlüpfen die Falter. Diese legen wiederum Eier für die zweite Generation, deren Raupen jetzt in den Pflaumen sitzen. Wenn sie ausgewachsen und satt sind, seilen sie sich an einem Faden ab – sofern sie nicht mit den reifen Pflaumen gepflückt werden. Sie überwintern in einem Kokon, der gut versteckt ist in der Erde, im Moos oder am Baumstamm.

DIE SAAT FÜRS KOMMENDE JAHR

Schnittlauch, Akelei, Fenchel und Karden werden jetzt trocken. In ihren Blütenständen befindet sich die Saat für kommende Generationen: Sie rieselt heraus oder fällt ab. Wenn die Pflanzen belassen werden, versamen sie sich an Ort und Stelle. Bei Mohn, Wicken und Jungfer im Grünen ist es ähnlich. Auch Ringelblumen und Tomaten tragen alles, was fürs kommende Jahr benötigt wird, bereits in sich.

In jedem Samen, der in diesem Sommer durch das Zutun von Biene oder Käfer, Fliege oder Wind entstanden ist, befindet sich der gesamte Bauplan sowie die Eigenschaften der künftigen Pflanze. **Jeder Same** ist einzigartig, immer etwas anders als die übrigen. So kann der eine Nachkomme vielleicht an etwas trockeneren Plätzchen überleben als seine Geschwister. Diese Vielfalt sichert den Bestand.

Wer die Saat geschätzter Pflanzen aufbewahrt, braucht nichts Neues zu kaufen. Allerdings muss es sich tatsächlich um **samenfeste Sorten** handeln. Saatgut aus Hybriden, etwa bei Tomaten, bringt spätestens im zweiten Jahr Pflanzen mit anderen Merkmalen hervor. Denn in Hybriden wurden die Eigenschaften zweier Elternteile vereint, die sich in den folgenden Generationen wieder aufspalten. Anderes wiederum verkreuzt sich leicht, wenn mehrere Sorten dicht nebeneinanderstehen, Kürbisse zum Beispiel. Bei Möhren oder Kohl ist es ähnlich, doch damit diese überhaupt blühen und Samen ansetzen, müssen sie erst durch den Winter kommen.

EXPERTEN
WISSEN

THEMA: WESPEN
MARJA ROTTLEB

SIE FRESSEN ANDERE INSEKTEN, SIND SELBER
NAHRUNG UND BESTÄUBEN PFLANZEN.

Die Natur kennt kein Gut und Böse. Natürlich gehen Wespen auf die Nerven, wenn sie auf dem Kuchen sitzen oder Wurststückchen wegschleppen. Aber die Tiere brauchen Energie. Die Arbeiterinnen versorgen sich selbst mit Kohlenhydraten, also Zucker. Die Königin legt Eier, und die Arbeiterinnen unterstützen sie bei der Brut. Im Sommer holen sie ihn sich, den Zucker, aus reifen Früchten. Fleisch dagegen bekommen die jungen Larven im Nest, denn sie benötigen Protein. Normalerweise holen Wespen sich die fleischliche Nahrung aus der Luft, sie sind nämlich Jäger und vertilgen unheimlich viele Insekten – Fliegen, Spinnen und Raupen. Sie haben unter den Insekten die gleiche Rolle wie Greifvögel oder Aasfresser bei den Vögeln: Sie regulieren den Bestand. Für andere sind sie selber Nahrung: Hornisse, Neuntöter und Wespenbussard fressen sie gerne. Wespen sind aber auch Bestäuber: Wenn sie in Blüten Nektar suchen, weil sie Zucker brauchen, übertragen sie nebenbei Pollen. Gut beobachten lässt sich das im Herbst, wenn das Efeu blüht und ihnen spät im Jahr noch Energie liefert. Aber dann sterben auch bald die Arbeiterinnen. Wespen sind geschützt durch das Tierschutz- und das Bundesnaturschutzgesetz. Man darf ein Nest nicht einfach entfernen – im Zweifelsfalle Experten fragen. Wer sie in Ruhe lässt und beim Essen im Freien aufpasst, kann friedlich mit Wespen zusammenleben.

IN JEDEM SAMEN LIEGT DAS GESAMTE KÜNFTIGE PFLANZENLEBEN.

Die Samen werden an einem trockenen Tag, am besten in der Mittagszeit, eingesammelt. Ganz leicht geht das bei Dill oder Ringelblumen, hier kann man sie einfach abstreifen. Bei der Jungfer im Grünen und dem Mohn sitzen winzige Samenkörnchen in den trockenen Kapseln, die sich kopfüber in ein Gefäß entleeren lassen. Bohnen und Erbsen bleiben so lange am Strauch, bis die Schoten getrocknet sind. Salat bildet feine Blüten, wenn er hochschießt, auch hier lassen sich die Samen einfach abnehmen, sobald sie trocken sind. Und bei Tomaten verteilt man die Kerne auf einem Krepp-Papier und lässt sie dort trocknen. Samen, die richtig durchgetrocknet sind, sollte man luftdicht verpacken und dann dunkel und kühl einlagern.

AUF GUTE NACHBARSCHAFT

Im Gemüsebeet wächst die Rote Bete langsam zu einer annehmlichen Größe heran, Mangold und bald auch Kürbisse bringen reiche Ernte. Nur die Bohnen sind äußerst zurückhaltend. Sie sind schlecht gewachsen und kaum an den Stangen emporgerankt. Zu ernten ist kaum mehr als eine Handvoll, was ungewöhnlich ist, da sie sonst mit dem Gartenboden gut klarkommen. Seitlich neben den Bohnenstangen wächst ein Fenchel, der sich dort selbst angesiedelt hat. Er ist richtig groß geworden und trägt inzwischen unzählige Dolden. Schon von Weitem ist zu erkennen: Ihm geht es prächtig. Den Bohnen nicht. Besteht da ein Zusammenhang?

Manche Pflanzen kommen einfach nicht gut miteinander aus. Die Erbse fühlt sich beispielsweise neben der Möhre ganz wohl. Aber während die Möhre es auch gut mit dem Lauch kann, hält die Erbse zu ihm lieber deutlich Abstand. Erdbeeren und Kohl sind ebenfalls keine guten Nachbarn, ähnlich ist es bei Salat und Petersilie. Mit dem falschen Nachbarn wollen sie dann nicht so recht.

Wenn Pflanzen sich nicht riechen können

Gewächse haben, wie Menschen auch, ihre Vorlieben. Das hat aber nichts mit Sympathie zu tun, vielmehr mit Stoffen, die die Pflanzen abgeben. Alkaloide, Kohlendioxid, Ethylen oder bei der Walnuss zum Beispiel das Juglon (→ Seite 126) werden von uns nicht wahrgenommen, von pflanzlichen Nachbarn allerdings schon. **Allelopathie** heißt diese Wechselwirkung durch chemische Verbindungen. Blätter, Früchte, aber auch Wurzeln können Gase und Substanzen ausscheiden, die der Pflanze in der Regel einen Vorteil gegenüber ihren Nachbarn verschaffen sollen. Bei Äpfeln ist das Phänomen bekannt: Sie scheiden viel Ethylen aus, sodass der Salat schneller welkt, wenn er neben ihnen im Kühlschrank liegt. Aus Menschensicht positiv wirkt sich das bei unreifen Avocados aus – sie werden, mit Äpfeln in eine Tüte gesteckt, schneller weich. Wissenschaftliche Erkenntnisse zur Allelopathie sind rar, der Erfahrungs-schatz von Gärtnern ist dagegen umso reicher.

DIE ERDHUMMEL IM SPÄTSOMMER

Plumpe Hummeln sind zu sehen, die meist kurz über dem Erdboden immer wie-der bestimmte Strecken abfliegen: Die Drohnen sind unterwegs – Männchen, die auf der Suche nach einer Partnerin sind. Sie geben Pheromone ab, mit denen sie Weibchen anlocken.

Mischkultur

Jeder, der Gemüse pflanzt, baut sich im Laufe der Jahre ei-genes Wissen auf. Gut, wenn es aufgeschrieben und weiter-gegeben wird, wie in manchen Klöstern. Denn die **positi-ven Effekte**, die Pflanzen aufeinander haben, können die Ernte verbessern:

- Sellerie und Tomaten senden aromatische Stoffe aus, die den Kohlweißling vertreiben – diese Gemüsepflanzen passen also gut neben den Kohl.
- Zwiebeln enthalten scharfe Senföle, die Keime und Erreger abtöten und die Verbreitung von Mehltau verhindern können.
- Dill soll das Aroma von Möhren positiv beeinflussen.
- Die ätherischen Öle von Lavendel, Minze, Thymian wehren Schädlinge ab.

EIN EIGENER KOSMOS

Die Mischkultur bezieht solche Aspekte mit ein und integriert obendrein Blumen. Denn sie können zwischen dem Gemüse sehr hilfreich sein:

- Tagetes, Ringelblumen oder Zinnien wirken gegen Fadenwürmer im Boden, die Kartoffeln, Gurken oder Erdbeeren befallen.
- Kapuzinerkresse lenkt Blattläuse vom Salat ab.

Bei einer Mischkultur geht es aber auch um die Lebensweise der Pflanzen. Kombiniert werden solche, die sich gut ergänzen: Gewächse, die flach wurzeln, wie zum Beispiel Erbsen, kommen neben diejenigen, die tief in der Erde nach Nährstoffen suchen, wie die Möhren. Sie bilden keine Konkurrenz. Zwischen Stangenbohnen kann Feldsalat wachsen, der mit seinem Laub die Erde schön feucht hält.

So zu gärtnern, ist eine hohe Kunst, denn es gilt, ein **Gleichgewicht im Beet** zu erschaffen. Und das nicht nur zeitgleich, sondern auch in der Abfolge. Auf Salat folgt im Sommer Lauch oder Sellerie, auf Möhren später Buschbohnen oder Radieschen. Wo vorher Pflanzen wie Kürbis oder Kartoffeln standen, die viele Nährstoffe aus dem Boden gezogen haben, kommen Fenchel oder Pastinaken hin, die wenig verbrauchen. Danach folgen Erbsen oder Bohnen, die nur einen geringen Nährstoffbedarf haben. Je bunter solche Beete gemischt sind, desto besser wächst alles – vorausgesetzt, die Nachbarn sind gut gewählt. Fenchel und Bohnen gehören jedenfalls nicht zu den Traumpaaren: In den ätherischen Ölen des Fenchels ist Fenchon enthalten, das sich wachstumshemmend auswirken kann, etwa auf Pilze. Aber auch für Bohnen scheint es nicht gerade förderlich zu sein. Ähnlich ist es beim Wermut: Seine Bitterstoffe, die gegen Fraßfeinde wirken sollen, hemmen auch das Wachstum anderer Pflanzen, daher besser fernab des Gemüsebeets pflanzen.

EIN EIGENER KOSMOS

← Sonnenhüte stammen aus Nordamerika und öffnen erst spät im Sommer ihre Knospen. Damit bieten sie Insekten Nahrung, wenn viele andere Blumen bereits verblüht sind.

Beim Umgraben des Gemüsebeets oder beim Pflanzen von neuen Stauden fördert jeder Spatenstich Würmer zutage: den Gemeinen Regenwurm, den Roten Waldregenwurm oder den Kompostwurm. Bis zu 20 Stück können es sein,

93

manchmal sind auch Schnakenlarven dabei oder Engerlinge. Bei genauem Hinschauen fallen vielleicht auch winzige Springschwänze auf. Das eigentliche Leben, das in einem Spatenstich Erde steckt, ist allerdings für das menschliche Auge nicht sichtbar. Denn die Erde hält einen ganz eigenen Kosmos verborgen. In zwei Schaufeln Erde – etwa einer Menge von sieben Litern – finden sich so viele Bakterien und Pilze, wie es derzeit Menschen auf der Erde gibt: sieben Milliarden. Ein paar Hundert Gramm Gewicht bringen diese Mikroorganismen auf die Waage. Fantastische Zahlen. Bakterien, Algen und Pilze machen etwa 80 Prozent der Bodenlebewesen aus. Etwas mehr als zehn Prozent sind Würmer, der Rest sind Kleinstlebewesen.

DER BODEN LEBT

Bakterien und Pilze zersetzen das, was die anderen Lebewesen übrig gelassen haben. Manche bauen auch Schadstoffe im Boden ab. Einige wenige von ihnen können Krankheiten auslösen. Die meisten jedoch sind äußerst nützlich für den Kreislauf des Werdens und Vergehens, den sie in Gang halten. Manche Bakterien haben eine Symbiose mit Hülsenfrüchten wie Dicken Bohnen, aber auch mit Luzerne und Zaun-Wicken. Diese **Knöllchenbakterien** versorgen die Pflanzen mit Stickstoff, im Gegenzug erhalten sie Kohlenhydrate aus deren Wurzeln. Auch bei Bäumen gibt es so etwas: Die Schwarz-Erle geht eine Symbiose mit einem entsprechenden Bakterium ein, das in Wurzelknöllchen den Stickstoff verwertbar macht.

Pilze sind meist vor allem durch ihre oberirdisch sichtbaren Fruchtkörper bekannt. Doch ihr feines Myzel durchzieht den Boden. Viele Pilze leben in enger Gemeinschaft mit anderen Pflanzen und gehen eine Symbiose ein (→ Seite 111).

Nur unter dem Mikroskop zu erkennen sind **Wimperntierchen, Fadenwürmer und Amöben.** Sie ernähren sich von Bakterien, Pilzen und Algen, deren Bestände sie regulieren. Manche leben räuberisch, andere fressen tote Tiere. Fadenwürmer machen zudem Substanzen wie Stickstoff, der durch Bakterien gebunden wurde, für die Pflanzen wieder verfügbar. Einige Fadenwürmer gelten als Nützlinge – etwa wenn es aus Gärtnersicht zu viele Dickmaulrüssler gibt (→ Seite 37).

THEMA: ALARMSIGNAL
PROF. DR. CAROLINE MÜLLER

BEISST EIN TIER ZU, REAGIERT DIE GANZE PFLANZE.

Pflanzen nehmen Tiere wie Blattläuse über chemische Signale wahr. Sie können das Tier nicht sehen, aber wenn es einsticht, schüttet die Pflanze Hormone aus, die eine Signalkaskade in Gang setzen. Die Reaktionen können lokal sein, an der Einstichstelle, oder systemisch, also auch in entfernteren Blatt- oder Wurzelbereichen. Denn auf einen Pflanzenfresser folgen oft mehrere. Dann ist die ganze Pflanze schon in Habachtstellung. An der Acker-Schmalwand, einem Kraut, wurde getestet, was passiert, wenn oben am Spross eine Blattlaus saugt. Das chemische Signal geht über die verletzte Stelle hinaus und bewirkt Veränderungen bis in den Wurzelraum. Dort können Fadenwürmer von diesen Veränderungen beeinflusst werden. Auch das umgekehrte Phänomen wurde an anderen Pflanzen gefunden: Knabbert jemand an den Wurzeln, ergeben sich Veränderungen im Spross, die sich auf die Entwicklung der Herbivoren auswirken. Es ist spannend, wie komplex diese Systeme sind: Obwohl die Tiere nicht miteinander in Berührung kommen, werden sie trotzdem gegenseitig beeinflusst durch veränderte Chemie.

Bei genauem Hinschauen – besser mit der Lupe – sind die **Milben** zu erkennen. Mehr als 50 000 Arten gibt es von ihnen; einige leben auf Menschen oder Tieren, doch der größte Teil, weit über die Hälfte, sitzt im Boden. Durch ihre Aktivitäten

AUS EINS MACH ZWEI?

Aus einem zerteilten Regenwurm entstehen nicht zwei neue Individuen, denn die lebenswichtigen Organe sind nur einmal angelegt. Das Ende, an dem sich Kopf und Organe befinden, kann sich jedoch erholen und binnen einiger Tage einen neuen Schwanz bilden.

bilden sie den Humus. Eher in den oberen Erdschichten siedeln sich die **Springschwänze** an. Die Sechsfüßer können bräunlich gefärbt sein, wenn sie auf der Oberfläche leben, in tieferen Bodenschichten sind sie farblos und durchsichtig. Sie zersetzen organisches Pflanzenmaterial und tragen so dazu bei, dass der Boden nährstoffreicher wird. Manche von ihnen nehmen sogar Schwermetalle auf.

Gut sichtbar sind **Spinnen und Asseln**, die ebenfalls in der Erde wohnen. Stört man sie auf, huschen sie weg, flüchten unter den nächsten Stein oder laufen wild durcheinander. Auch Larven von Insekten treten zutage, und nicht selten wird beim Graben unabsichtlich ein Regenwurm zerteilt. Grund genug, statt Spaten öfter eine Grabegabel zur Hand zu nehmen. **Regenwürmer** leben von Blättern und anderen Pflanzenmaterialien. Immer fressen sie auch ein wenig Erde mit, und durch diese Partikel stellen sie beim Verdauen die Ton-Humus-Komplexe her, die einen guten Boden auszeichnen. Sie machen die Erde nicht nur fruchtbar, sondern lockern sie mit ihren Gängen, sodass sie besser den Regen aufnehmen kann. Der Regenwurm ist nicht nur Nahrung von Amseln und Krähen, Igeln und Kröten. Auch unterirdisch Lebende wie der Maulwurf und die Spitzmaus fressen ihn gerne. Wühlmäuse wiederum ziehen Wurzeln und andere pflanzliche Kost vor, aber auch sie haben ihren Bau im Boden.

← Herbstanemonen sind, ihrem Namen zum Trotz, typische Blumen des Spätsommers. An ihren Blüten finden Insekten in dieser Jahreszeit noch viel Nektar und Pollen.

GUTE ERDE

Die Erde ist die Basis allen Wachstums. So reich sie an Leben ist, ihre Hauptbestandteile sind Humus, also organische Substanzen, Sandkörner, Ton und Schluff. Der Boden speichert Wasser und Nährstoffe, die sich die Pflanzen nach und nach mit ihren feinen Wurzeln herausziehen. Wie er genau zusammengesetzt ist, welche Mineralien er enthält, hängt immer auch von dem darunterliegenden Gestein ab. Auf Muschelkalk ist die Erde basischer, auf Sandstein, Granit oder Basalt saurer. Der pH-Wert gibt **die Säure eines Bodens** an, er lässt sich mit einem Test gut selber bestimmen. Die meisten Pflanzen mögen einen relativ neutralen Boden mit einem pH-Wert zwischen 5,5 (eher sauer) und 7,5 (basisch). Wo die Beschaffenheit ungünstig ist, kann zum Beispiel Kalk zugegeben werden, um sauren Boden neutraler zu machen. Doch der Garten ist winzig im Vergleich zur Umgebung, deren Verhältnisse seit Zeitaltern geprägt sind. Um auch nur punktuelle Veränderungen zu erzielen, muss dauerhaft dagegen angearbeitet werden – eine Mammutaufgabe!

Manche Erde ist bröselig, andere wiederum schwer. Wenn sich mit der Hand eine Rolle formen lässt, die nicht auseinanderfällt und leicht klebt, hat die Erde einen hohen Tonanteil. Wird diese Rolle schön glatt, ist der Boden lehmig. Wenn sie aber durch die Finger rieselt, ist der Sandanteil hoch. Je schwerer und tonhaltiger die Erde, desto besser speichert sie Wasser – manchmal zu gut, dann faulen die Wurzeln. In leichtem Boden versickern Niederschläge dagegen schnell und nehmen die Nährstoffe mit sich, sodass die Erde karger ist. In beiden Fällen hilft organische Masse in Form von Kompost, die Bedingungen für Pflanzen zu verbessern. Das Material trägt dazu bei, dass die Erde Nährstoffe und Wasser besser speichern, aber auch wieder abgeben kann. So etwas lässt sich punktuell ganz gut erreichen.

NÄHRSTOFFE ZUM LEBEN

Was im Boden vorhanden ist oder auch nicht, lässt sich unter anderem am Gedeihen der Pflanzen ablesen. Die Tomaten haben blasses Laub? Möglicherweise fehlt ihnen Stickstoff. Wenn die Blätter gelblich werden, kann das auf einen Mangel an

Magnesium hinweisen. Auch gelbe Ränder am Laub des Kohls deuten darauf hin, dass er nicht optimal versorgt ist: Der Kohl hat nicht genügend Bor zur Verfügung. Ohne Phosphor werden Früchte schlecht ausgebildet, und wenn Äpfel braune Stippen bekommen, ist das meist auf Kalziummangel zurückzuführen.

Pflanzen brauchen außer Sonnenlicht und Wasser auch Stickstoff, Phosphor, Kalium, Schwefel, Kalzium und Magnesium zum Leben. Spurenelemente wie Eisen, Zink und Kupfer sind ebenfalls unerlässlich. Daraus stellen sie alles her, was sie benötigen. Fehlt etwas, lässt sich das häufig am Erscheinungsbild ablesen. Abhilfe schafft gezieltes Düngen, wobei behutsam überprüft werden muss, um welche Stoffe und Mengen es denn genau geht. Denn ein Zuviel kann mehr schaden, als es nützt. Stickstoff ist ein beliebter Dünger, denn er fördert das Wachstum, die Pflanzen bilden Eiweiß daraus. Zu viel davon lässt Kräuter, Stauden und Gehölze zwar schnell groß werden, doch bleiben sie dann schwächlich. Nitrat reichert sich auch in manchen Gewächsen an, in Salaten und Spinat, in Radieschen, aber auch in Roter Bete. Bakterien können das Nitrat wiederum in Nitrit umwanden, das dann gesundheitsschädlich ist: zum Beispiel, wenn Gemüse lange warm gehalten oder mehrmals aufgewärmt wird. Auch ein Übermaß an Phosphor ist nicht gut: Das Wachstum ist gestört, Blätter können gelb werden. Ähnlich ist es bei zu viel Kalium im Boden.

DIE ERDHUMMEL IM SPÄTSOMMER

Wenn Jungköniginnen und Drohnen das Nest verlassen, um sich zu paaren, hat die alte Königin ihre Aufgabe vollbracht. Sie wird nun nicht mehr versorgt, da die Arbeiterinnen sterben. Junge Königinnen suchen nun ein Versteck zum Überwintern.

ERGÄNZEN UND AUFWERTEN

Wo Kürbisse, Kartoffeln und Erdbeeren geerntet werden, entnehmen Menschen Nährstoffe, die sonst an Ort und Stelle blieben: Früchte, die keinen Abnehmer finden, vergehen, und alles, was in ihnen enthalten ist, wird wieder freigesetzt. Wo man etwas wegnimmt, muss man auch wieder etwas zugeben – zumindest wenn die Pflanzen weiterhin erntewerte Mengen produzieren sollen. Traditionell wird mit Mist gedüngt, doch in Zeiten, wo der nächste Bauernhof 30 Kilometer weit weg auf dem Land liegt und einem großen Industriebetrieb gleicht, greift man eher auf anderes zurück. Hornspäne, Knochen- und Blutmehl, Dung-Pellets und Guano fügen dem Erdreich tierische Substanzen zu, Urgesteinsmehl und Asche mineralische. Holzkohle wird zur Bodenverbesserung eingesetzt, aber auch Algen, Jauche aus Brennnessel und Beinwell. Während solche organischen Dünger die Stoffe eher langsam abgeben, wirken mineralische Fertigdünger zwar schnell, tragen aber zur Struktur und dem Leben im Boden nicht bei, wie organisches Material das kann. Im Idealfall stammt das Material zur Verbesserung der Erde direkt aus dem Garten selbst und muss nicht weit transportiert werden.

DER GIERSCH IM SPÄTSOMMER

Alte, grüne Blätter hat der Giersch, er sieht gerupft aus. Trist wirken die Stellen, wo er noch vor Kurzem weiß geblüht hat. Hier und da ist der Boden sichtbar, unter dem die kräftigen Rhizome liegen. Mit ihnen hält der Giersch allen Versuchen, ihn zu jäten, stand.

- Den allerkürzesten Weg hat die **Gründüngung**: bestimmte Pflanzen, die jetzt im Spätsommer auf die leeren Beete gesät werden. Sie können die Erde verbessern und verhindern nebenbei, dass sich unerwünschte Kräuter ansiedeln. Fehlt es etwa an Stickstoff, eignen sich Kleesorten oder Bitterlupinen (*Lupinus angustifolius*). Denn sie können Stickstoff aus der Luft in ihren Wurzelknollen speichern. Andere wie die Bienenweide (*Phacelia*) haben ein gutes Wurzelsystem, mit dem sie Nährstoffe aufnehmen können. Wenn die Gewächse später zerkleinert und untergegraben werden, gelangen diese Stoffe in die Erde und können von anderen genutzt werden.

- Nicht ganz so frisch, aber idealerweise aus dem eigenen Garten ist der **Kompost**: Organische Abfälle aus Küche und Garten werden auf einem Haufen gesammelt und von Bakterien, Pilzen sowie Kleinstlebewesen zu feinkrümeliger Erde zersetzt. So entsteht ein Kreislauf, der den Beeten die entnommenen Stoffe wieder zufügt.

DER GARTEN IST KEINE INSEL

Sosehr man alles richtig machen möchte, bewusste Entscheidungen trifft, Pflanzen und Gemüsesorten auswählt und liebevoll pflegt – der Garten ist immer ein kleiner Teil einer mächtigen Umgebung. Er ist kein geschlossener Kreislauf, immer gibt es auch Einflüsse von außen. Tiere und Wind bringen Samen von Pflanzen, die sich ungebeten ansiedeln: Löwenzahn kommt hereingeweht, Holunder keimt dort, wo ein Vogelklecks gelandet ist, und die Eichel dort, wo der Häher sie vergessen hat. Als »Natur« wird das mehr oder weniger akzeptiert. Doch dann gibt es noch Unsichtbares, das sich nicht so leicht entfernen lässt wie ein Keimling am falschen Ort. **Schadstoffe** wie Blei und Kadmium finden sich in der Erde, aber auch zu viel Nitrat und Phosphor – Stoffe, die zwar benötigt werden, aber nur in bestimmten Mengen.

Doch wie kommen diese Stoffe in den Boden? Sie sind überall natürlicherweise vorhanden. Bei Verwendung von **Kunstdünger** können die Mengen allerdings drastisch erhöht sein. Phosphatdünger beispielsweise bringt oftmals Uran mit in den Garten, da die Elemente sich bei der Gewinnung des Phosphats meist nicht trennen lassen: Uran ist in den Phospatlagerstätten vorhanden, und der technische Aufwand, es zu entziehen, ist hoch. Die Mengen sind in der Regel gering und unbedenklich, aber möglicherweise sind die selbst gezogenen Möhren dann doch nicht ganz so bio, wie gedacht. Schwierig wird es auch in der Nähe größerer **Straßen**, wenn sie nicht durch einen breiten Grünstreifen vom Garten getrennt sind. Denn Abgase und Reifenabrieb bringen nicht zu unterschätzende Mengen an Schadstoffen in den Boden, die sich nur durch eine Probe analysieren lassen. Blei und Kadmium zum Beispiel reichern sich in Gemüse wie Möhren, Mangold und Salat an und werden unbemerkt mitgegessen. Auch über den eigenen Kompost kann Ungewolltes auf dem Beet landen: Pflanzenschutzmittel in den Überresten von gekauftem Gemüse und Obst, die nicht abgebaut werden, gelangen dann zwischen den Salat und die Rüben. All das, was ungewollt in den eigenen, vermeintlich sauberen und geschützten Garten kommt, ist auch »Natur« – eine Konsequenz der menschlichen Natur, die das derzeitige Leben bestimmt.

6.

FRÜHHERBST

HOLUNDERBEEREN WERDEN SCHWARZ.

*Auch die Kornelkirschen reifen heran. Der Frühherbst
ist die Zeit der Zwetschgen, der Birnen, der Haselnüsse und der
Walnüsse. Die Herbstzeitlose blüht, der Garten ist voller
Spinnweben. Trotz manch warmer Tage des Altweibersommers
wird es allmählich kühler. Vergänglichkeit deutet sich an.*

UNTER IHRER STACHELIGEN SCHALE REIFEN DIE KASTANIEN.

WAS SEHE ICH?

Wollige Samen der Herbstanemonen. Frisches, neu ausgekeimtes Grün nach der Sommertrockenheit. Weiße Eigelege von Schnecken.

WAS SEHE ICH NICHT?

Das weit verzweigte Myzel der Pilze, das den Boden durchzieht. Den Siebenschläfer, der sich jetzt schon ins Winterlager begeben hat.

AUCH WENN DIE TAGE NOCH SOMMERLICH SIND: Die Stimmung im Garten hat sich verändert. Es wird merklich früher dunkel und abends deutlich kühler. Nach dem Regen liegen erste Blätter auf dem Boden. So warm die Sonne noch sein mag, der Sommer ist vorbei. Morgens liegt Tau auf der Kapuzinerkresse und dem Frauenmantel. Der Rasen, der während der heißen Tage vertrocknet war, erholt sich und wird wieder grün. Auch Kräuter wie der Giersch und das Ruprechtskraut setzen zur zweiten Runde an. Bis zur Blüte werden sie es höchstwahrscheinlich nicht mehr schaffen.

Viele Spinnen ziehen jetzt Netze und Fäden, die besonders morgens, wenn mit Tau benetzt, zu erkennen sind. Zu den auffälligsten gehören die der Baldachinspinnen, die ihr Gespinst waagerecht zwischen Halmen oder Zweigen weben. Von ihnen leitet sich möglicherweise der Begriff Altweibersommer her, dessen schöne warme Tage in diese Zeit fallen.

In den Beeten lichtet es sich allmählich. Zwar gibt es noch Rosen, die zum zweiten Mal blühen, aber nun übernehmen die Astern die Regie, gemeinsam mit den Herbstanemonen. Die Fetthennen öffnen ihre Blüten, was Bienen und Hummeln zugutekommt. Die Hortensien bereichern den Garten und auch die letzten Blüten des Hibiskus. Die Sonnenhüte und das unermüdlich blühende Argentinische Eisenkraut sehen noch schön aus. Gut wirkt es in Kombination mit Gräsern.

An vielen Pflanzen finden sich **trockene Blütenstände**. Sie dürfen stehen bleiben, denn hier finden Vögel noch jede Menge Nahrung. Zudem ziehen sich Insekten bald zum Überwintern in hohle Stängel zurück. Karden und Elfenbeindisteln sind hart und zäh, sie bleiben den Winter über aufrecht stehen. Duftnesseln und Lanzen-Eisenkraut halten sich ebenfalls lange, und auch im Brandkraut kommen viele Tiere unter. Von Doldenblütlern stehen meist nur noch die Skelette. Die Wilde Möhre, der Engelwurz oder der Riesen-Haarstrang haben ihre Samenkörner zu Boden fallen lassen, sofern sie nicht von den Vögeln geholt wurden. Landen sie am geeigneten Ort, keimen sie nach einer Kälteperiode. Wenn die Herbstanemonen verblühen, bilden sich die weiß-braun gespickten Samenbällchen, aus denen an verschiedensten Orten zahlreiche Nachkommen entstehen können.

WEITERHIN VOLLES PROGRAMM

Bald sind aber auch die Holunderbeeren reif, sie sind ein Zeichen, dass der Sommer vorbei ist. An den Zweigen, die die meiste Sonne abbekommen, werden sie zuerst tiefschwarz, an anderen Zweigen etwas später. Für Menschen sind die Beeren erst nach dem Erhitzen genießbar, da sie Sambunigrin enthalten, einen Giftstoff. Dafür haben sie viel Vitamin C zu bieten, der Saft gilt als altes Hausmittel bei Erkältungen.

Der Boden ist noch warm und trocken vom Sommer. Wenn es nicht regnet, muss gut gewässert werden. Für Zwiebelpflanzen ist nun ein guter Zeitpunkt, denn dann bilden sie noch Wurzeln, ehe es kalt wird. Aber auch Stauden können jetzt

DIE ZEIT DER BLÜTEN GEHT NUN ALLMÄHLICH DEM ENDE ENTGEGEN.

gepflanzt werden. Bei den Arbeiten in den Beeten werden manchmal weiße Gelege zutage gefördert: Es sind Eier von Schnecken, die in Klumpen zusammenkleben. In ihnen verbirgt sich Leben, aber das von Tieren, die so viele gärtnerische Pläne zunichtemachen. Bleiben sie offen liegen, können Igel, die abends durchs Gebüsch rascheln, davon profitieren. Junge Tiere haben das Nest jetzt verlassen und suchen Nahrung. Davon brauchen sie viel, um über den Winter zu kommen (→ Seite 145).

Auch die Vögel finden jetzt noch viel frische Nahrung. Das Pfaffenhütchen zum Beispiel hat besonders auffällige Früchte: pink mit orangefarbenen Kernen. Menschen ist die Farbe eine Warnung, denn für sie ist das Pfaffenhütchen giftig. Rotkehlchen aber fressen die Samen unbehelligt, dadurch verbreiten sie die Pflanze. Sie ist aber auch Lebensraum für einen Falter, den Pfaffenhütchen-Schmalzünsler. Die erste Generation, die im Frühsommer lebt, ernährt sich von den Blüten und Blättern. Die zweite frisst als Raupen in den Früchten, bevor sie reif werden.

ZIERLICHE HALME

Jetzt sehen sie am besten aus: Chinaschilf, Lampenputzergräser oder auch das Garten-Reitgras. Sie verleihen dem Beet einen natürlichen Charakter und bringen Leichtigkeit hinein, indem sie im Wind wogen und im Gegenlicht mit der Sonne spielen. **Gräser** bestimmen die Übergangzeit vom Sommer in den Herbst. Im Spätsommergarten machen sie sich gut zwischen Dahlien und Raublattastern. Doch sind sie auch schon Vorboten des Winters, denn wenn die Beete kahl geworden sind, die Stauden verblüht sind und das Laub gefallen ist, bilden sie eine interessante Struktur. Auch in ihren hohlen Stängeln finden viele Insekten ein Versteck bei Nässe und Kälte, manchmal auch, um sich zu verpuppen.

Zu den dekorativsten Gräsern gehört das Lampenputzergras, das aber kleiner bleibt im Vergleich zur Rutenhirse, die mehr als zwei Meter hoch werden kann. Etliche Arten der Lampenputzergräser gibt es, eine davon gilt als invasiv: Das Afrikanische Lampenputzergras breitet sich rasch auch außerhalb der Gärten aus, daher ist es nicht erhältlich. Einige Sorten sind steril, sie können sich nicht vermehren – etwa das rote *Pennisetum setaceum* 'Rubrum'. Die meisten der Gräser für den Garten gehören ohnehin einer anderen Art an, wie das Kleine Lampenputzergras.

Im Herbst nehmen viele Gräser die typische Färbung von Stroh an, aber es gibt auch Züchtungen und Auslesen: Das Japanische Blutgras hat weinrote Spitzen, die im Laufe des Sommers immer intensiver werden. Welches Gras gut gedeiht, hängt vom Standort ab: Auf feuchtem Boden findet die Rutenhirse gute Bedingungen vor, ebenso die Steife Segge oder der Rohrkolben. Wenn die Erde durchlässig und trocken ist, können das Kleine Präriegras oder das Fiedergras gedeihen. Generell kommen Gräser mit wenig Nährstoffen aus, sie sind meist auf karge Standorte spezialisiert. Ist der Boden zu reichhaltig, breiten sie sich schnell aus, manche haben gar einen Nachteil – je nachdem, welche Strategie die Pflanze verfolgt (→ Seite 27).

VÖGEL BRECHEN AUF

Gegen Ende des Sommers brechen einige Vögel auf und verlassen die Gärten. Während Sperlinge und Meisen das ganze Jahr über bleiben, ziehen die Singdrosseln und Buchfinken fort. Auch Stare sind seltener zu sehen, Schwalben und Nachtigallen ebenfalls. Rund die Hälfte unserer Vögel zieht es im Herbst in südliche Gefilde. Grund ist nicht die Kälte, sondern das **Nahrungsangebot**: Sie ernähren sich von Insekten, von denen in der kalten Jahreszeit nicht mehr genug zu finden sind.

Die Mauersegler sind meist die Ersten. Sie brechen schon im Hochsommer auf, einige Wochen später gefolgt von den Nachtigallen und den Störchen. Der Drang zu fliegen, ist den Tieren angeboren, es zieht sie in eine bestimmte Himmelsrichtung. Sie orientieren sich am Sonnenstand, an den Sternen und an den Magnetfeldlinien, die sie wahrnehmen. Die Strecke, die sie fliegen, ist nicht erlernt, denn der

Kuckuck zum Beispiel lässt sich von Vögeln aufziehen, die selber vermutlich eine ganz andere Route fliegen würden, als er selbst es schließlich tut. Das Wissen, welche Richtung eingeschlagen werden muss, vor allem aber auch die Flugzeit – wie lange geflogen werden muss – ist den Tieren angeboren.

Bevor es losgeht, fressen sie sich Fettreserven an, indem sie viel Zuckerreiches zu sich nehmen. Nur gut, dass es jetzt viele Beeren in den Gärten gibt. Rotschwänze haben im Idealfall ihr Gewicht vor Abflug verdoppelt. Damit können sie mehrere Tausend Kilometer zurücklegen, ohne Futter suchen zu müssen. Die meisten der Zugvögel fliegen weit, bis nach Afrika, viele von ihnen überqueren sogar die Sahara. Zu diesen **Langstreckenziehern** gehören der Neuntöter, der Fitis und der Kuckuck, die uns in diesen Wochen verlassen. Etwa ein Drittel der Zugvögel fliegt nur bis ins Mittelmeergebiet. Singdrossel und Buchfink machen sich schon im Spätsommer auf den Weg, jetzt sind es die Feldlerchen und die Stare. Im Vollherbst ziehen die Gartengrasmücke, Rotkehlchen, Haus-Rotschwanz und Zilpzalp los. Die Bachstelze hält es etwas länger aus, sie bleibt uns bis zum Spätherbst erhalten.

Dafür tauchen nun andere auf, die sonst nicht bei uns zu sehen sind. Bergfinken mit orange-brauner Brust, der Seidenschwanz mit seiner markanten Gesichtszeichnung und der Haube, aber auch die großen schwarzen Saatkrähen. Sie finden hier bessere Lebensbedingungen vor als in ihrer nördlichen oder östlichen Heimat.

MANCHE BLEIBEN

Doch manche der typischen Zugvögel bleiben auch: Stare werden den ganzen Winter über bei uns beobachtet, und auch die Amsel, die noch vor rund 200 Jahren als reiner Zugvogel galt. Dass sie bleiben, liegt nicht direkt am Wetter oder an einer bewussten Entscheidung einzelner Tiere, die merken, dass sie genügend Futter finden. Denn viele Zugvögel brechen schon in der wärmsten, nahrungsreichsten Zeit auf, sie können nicht ahnen, wie der Winter wird. Vielmehr gibt es in jeder Population stets einen kleinen Anteil an Tieren, die gar

← Vergänglichkeit liegt in der Luft. Auch wenn die Sonne noch wärmt: Der Sommer ist vorbei. Samenstände werden allmählich trocken, der Garten ist voller Spinnfäden.

nicht erst aufbrechen. Und diejenigen, die bleiben, haben durch das veränderte Klima einen klaren Vorteil. Die Amseln, die nicht weggezogen sind, fanden gute Bedingungen vor, sodass sie im Frühjahr eher und an günstigeren Stellen brüten konnten als die, die später zurückkehrten. So konnten sie sich besser vermehren. Da sie ihre Erbinformationen weitergegeben haben, bleiben die meisten ihrer Nachkommen ebenfalls. Nur noch wenige brechen gen Süden auf.

Genetisch gesehen sind alle Vögel **Teilzieher** – von jeder Population bleiben und ziehen einige, ein in früher Evolution entstandenes Verhaltensmuster. Ein Großteil der Gartenvögel wird auch als solche erkannt, Rotkehlchen und Buchfink zum Beispiel. Knapp ein Drittel aller Vögel wird aber als reine Stand- oder Zugvögel wahrgenommen. Auch wenn es eine genetische Veranlagung zum Teilzug gibt, ist phänotypisch das eine oder andere Verhalten ausgeprägt: Bleiben oder Ziehen.

Ähnlich ist es, wenn sich Flugstrecken zu verändern scheinen. Die Mönchsgrasmücke orientiert sich zwar generell nach Südwesten in Richtung Spanien, überwintert aber seit einigen Jahren auch im Nordwesten, in Großbritannien. Schon immer sind einige der Mönchsgrasmücken aus Süddeutschland in diese Richtung geflogen, haben dort aber nicht überleben können. Durch das wärmere Klima und die Fütterung in englischen Gärten kommen sie nun gut durch, kehren schneller zurück ins Brutgebiet als diejenigen, die Hunderte von Kilometern mehr zurückgelegt haben. Sie brüten eher, können sich häufiger fortpflanzen, sodass es zu einer schnellen Selektion kommt. So kommt es binnen einiger Generationen dazu, dass sich das Verhalten der Vögel zu verändern scheint.

DIE ZEIT DER PILZE

Bei feuchtem Wetter sind sie auf einmal über Nacht da: weiße Kappen mitten auf dem Rasen. Frisch und weiß wie Schnee sind sie aus der Erde gekommen, wachsen in die Höhe, bis sich die Kappe am unteren Ende verfärbt und dunkel wird. Dann beginnt sie, sich zu heben, sodass ein kleiner Hut entsteht, der sich aber schon am zweiten oder dritten Tag in schwarzen Schleim auflöst. Der **Schopf-Tintling** ist einer der häufigsten Pilze im Garten, und essbar ist er – zumindest im Jugend-stadium – obendrein. Wo Birken stehen, taucht vielleicht der Birkenröhrling auf, erkennbar an seiner braunen Kappe. Und sind Lärchen im Garten vorhanden, schießt der glänzende Goldröhrling aus dem Boden.

Nicht Pflanze, nicht Tier

Pilze sind eigenartige Gestalten – weder Pflanze noch Tier, sie stehen irgendwo dazwischen. Sie betreiben keine Fotosynthese, wie es sonst Lebewesen mit grünen Blättern tun, sondern sie ernähren sich von organischen Stoffen. Das, was da auf dem Rasen zu sehen ist, stellt nur die Frucht eines Wesens dar, das unter der Erde lebt. Das Myzel, um ein Vielfaches größer als der Stiel mit Hut, ist ein unsichtbares Geflecht, das den Boden durchzieht. Die **Hexenringe** – Pilze, die scheinbar ohne Grund im Kreis wachsen – zeigen an, wie sich das Myzel unter der Erde ausbreitet: Die Frucht-körper erscheinen jeweils an den Rändern.

In guter Gesellschaft

Dass in der Nähe bestimmter Bäume oft auch spezielle Pilze auftreten, liegt an einer Symbiose, die beide eingehen: **Mykorrhiza**. Die Pilze können durch ihr großes Geflecht mehr Nährstoffe aus dem Boden ziehen als ein Gehölz – sie reichen diese Stoffe an die Wurzeln weiter. Dafür erhalten sie im Gegenzug Kohlenhydrate, die der Baum durch Foto-synthese gewonnen hat und die wiederum sie zum Leben benötigen. Wachsen die Pilze um die Wurzeln, können sie die Pflanze auch vor Schadstoffen abschirmen. Sie mögen nicht allzu viel Stickstoff, und durch die stetige Anreiche-rung von Stickoxiden gedeihen sie schlechter, was sich irgendwann auch auf die Bäume auswirken kann.

DER GIERSCH
IM FRÜHHERBST

Der Giersch ist inzwischen ein ziemlich unansehnliches Gestrüpp geworden. Die Blätter sind nun alt und hart, die Monate sind nicht spur-los an ihnen vorübergegan-gen. Kein schöner Anblick. Hier braucht es jetzt andere Pflanzen, die den Blick von dem Kraut ablenken.

111

Nicht für alle gut bekömmlich

Viele Pilze sind essbar. Wiesenchampignon oder Stockschwämmchen können im Garten vorkommen, auf manchen Baumstämmen wächst auch der gelbe Schwefelporling, der jung genießbar ist. Auch der **Honiggelbe Hallimasch** ist essbar, wenn er gekocht wird. Doch sind die Pilze im Garten zu finden, vielleicht am Fuße eines Baumes, der sowieso schon etwas mitgenommen aussieht, besteht Grund zur Sorge. Jetzt im frühen Herbst erscheinen die Fruchtkörper, die honigbraune Hüte mit dunklen Schuppen haben. Tiefer unten stehende Pilze sehen manchmal verschimmelt aus wegen des weißen Sporenpulvers, das die Lamellen der weiter oben stehenden Hüte abgeben.

DIE ERDHUMMEL IM FRÜHHERBST

In den Blüten der Fetthennen ist noch Nahrung zu finden. Hier schauen die Hummeln regelmäßig vorbei, doch es sind nun deutlich weniger geworden. Der Großteil des Volkes und die alte Königin sind gestorben. Die Jungköniginnen suchen sich ein Winterquartier.

Doch so weich und vergänglich die Hallimasche aussehen mögen: Der Baum, an dem sie auftreten, ist kaum noch zu retten. Denn die Myzelstränge haben sich längst über kleine Verletzungen in Wurzeln oder Borke in der Rinde ausgebreitet und sind ins Kambium vorgedrungen. Dieses stirbt ab und mit ihm der gesamte Baum. Gesunde Pflanzen verfügen über Abwehrkräfte, indem sie den Pilz durch Wundwachstum stoppen. Schaffen sie das nicht, werden sie geschwächt, da der Hallimasch Nährstoffe abtransportiert. Soll er sich nicht weiter ausbreiten, muss der Baum gefällt und samt Wurzel gerodet werden. Doch auch das entfernt den Pilz nicht aus dem Boden. Der Hallimasch hat ungeahntes Potenzial: Darf er sich ungehindert ausbreiten, kann er gigantische Ausmaße annehmen. So gilt ein Exemplar des Dunklen Hallimasch in einem Nationalpark in den USA als größter lebender Organismus. Sein Myzel soll sich über unglaubliche neun Quadratkilometer erstrecken – eine Fläche, nur unwesentlich kleiner als Berlin-Mitte. Der Pilz ist mehr als 2000 Jahre alt und wächst immer noch weiter.

RÜCKZUGSORTE

Mit Beginn der kühleren Tage suchen die Tiere ein Quartier für den Winter. Der Siebenschläfer ist einer der Ersten, er zieht sich am liebsten an einen ruhigen, frostgeschützten Platz zurück, zum Beispiel in eine Nische an einer begrünten Hauswand. Wo dichtes Zweigwerk vor einer Mauer wächst, finden viele Tiere Unterschlupf. Nicht nur Siebenschläfer, sondern auch Mäuse, Fledermäuse und viele Insekten leben dort. Zaunkönig, Hausrotschwanz und Sperling können hier im Frühjahr ungestört brüten, finden einen sicheren Schlafplatz und auch jede Menge Futter. Wilder Wein bekommt nun bald seine bläulichen Früchte, die in dem dann rot verfärbten Laub gut auffallen und gerne von Vögeln gefressen werden. Efeu blüht erst später im Herbst und setzt dann seine Beeren an (→ Seite 128). Aber auch tierische Nahrung gibt es hier mehr als genug, zum Beispiel in Form von Spinnen. Sie jagen hier, werden aber auch selber zur Beute von Vögeln.

ACHTBEINIGE MITBEWOHNER

Spinnen sind keine Sympathieträger. Kommen sie ins Haus, sind sie nicht gerne gesehen, oft rufen sie Ekel hervor. Auch im Garten wird ihre Anwesenheit meist widerwillig hingenommen. Dabei nehmen sie einen wichtigen Platz im Ökosystem ein. Ähnlich wie die Wespen regulieren sie den Bestand anderer Insekten. Denn mit ihren Netzen – oder auch ohne, dann laufend und springend – erbeuten sie zahlreiche Fliegen und Mücken, aber auch Bienen, Hummeln und Falter. Viele sind sehr spezialisiert auf nur einen Lebensraum, haben also ihre ganz eigene Nische gefunden im Wald, auf der Wiese oder auch im Garten.

Häufiger Gast

Die Netze, die jetzt morgens voller winziger Tautropfen hängen, stammen meist von der **Herbstspinne**. Sie ist nur in dieser Jahreszeit anzutreffen und baut runde, nicht ganz symmetrische Netze. Die Männchen sind deutlich kleiner als die Weibchen. Damit sie nicht selbst zur Beute werden, machen sie mittels eines Tricks

Jetzt weben die Herbstspinnen ihre Netze. Um nicht selbst gefressen zu werden, offerieren die Männchen den Weibchen bei der Werbung eingesponnene Beute. →

vorsichtig auf sich aufmerksam: Wenn das Weibchen gerade frisst, bieten sie ihm ein eingesponnenes Beutetier an, das sich im Netz verfangen hat. Eine Geste, die anzukommen scheint, denn sonst wäre die Art längst ausgestorben. Das Weibchen legt später die Eier in dichten Kokons an einem geschützten Platz ab. Bald darauf stirbt es. Im Frühjahr schlüpfen die Jungspinnen, die sich im Sommer entwickeln.

Artenreich

An ihrer markanten Zeichnung auf dem Hinterleib gut zu erkennen ist die Kreuzspinne. Meist ist es die **Gartenkreuzspinne**, die ihre großen Netze in den Sträuchern aufhängt. Die Weibchen werden knapp zwei Zentimeter groß. Sie fangen sogar Hummeln, Heuschrecken und Schmetterlinge. Erbeutete Insekten werden schnell in einen Faden eingesponnen, dann mit einem Biss getötet und aufbewahrt. Die Männchen zupfen vorsichtig am Netz – nicht selten werden auch sie gerne als Beutetier verspeist. Nach der Paarung legen die Weibchen Eier, die durch Kokons geschützt werden. Die jungen Spinnen schlüpfen noch im Herbst, überwintern aber innerhalb der Seidenfäden. Erst im Vollfrühling oder Frühsommer, wenn es warm wird, kommen sie heraus und verbringen den ersten Sommer im Jugendstadium. Sie überwintern im Boden oder an trockenen Pflanzen. Im folgenden Jahr werden sie dann erwachsen. Die Kreuzspinnen, die sich jetzt fortpflanzen, haben also schon ihren zweiten Sommer erlebt.

Besonders große Netze, die tagsüber verlassen scheinen, gehören meist der **Spaltenkreuzspinne**. Sie ist die Unbekannte im Garten, denn sie jagt vor allem im Dunkeln. Tagsüber sitzt sie gut geschützt in ihrem Versteck unter der Borke eines Baumes, auf dem sie ihr Netz gespannt hat. Man findet sie aber auch in den Ritzen von Holzschuppen und Hauswänden. Sie kann sich selbst in engste Spalten zwängen, da spezielle Muskeln es ihr erlauben, den Hinterleib abzuflachen. Hier verbringen die Weibchen dann auch den Winter.

Auffällig gezeichnet

In warmen, trockenen Gärten kann auch die **Wespenspinne** vorkommen, die anhand ihrer besonders auffälligen Streifen auf dem Körper erkennbar ist. Sie war ursprünglich nur im Mittelmeerraum heimisch, hat sich in den vergangenen Jahrzehnten aber auch in nördlicheren Gefilden ausgebreitet – wahrscheinlich dank des wärmeren Klimas. So können junge Spinnen, die sich an ihren Fäden treiben lassen, nun auch an Orten überleben und sich fortpflanzen, an denen sie früher nicht überlebt hätten. Ihre Netze spannt die Wespenspinne nicht allzu weit über dem Boden. Erkennbar sind sie an einer zickzackförmigen Verstärkung am Rand, die möglicherweise dazu dient, das Gespinst stabiler zu machen. Denn es sollen vor allem Heuschrecken gefangen werden. Zu dieser Jahreszeit sieht man nur noch die weiblichen Spinnen. Im Sommer haben sie sich mit den kleineren Männchen gepaart, diese danach verzehrt und Eier abgelegt. In den großen, braunen Kokons sind schon die Jungspinnen geschlüpft, die darin auch den Winter verbringen.

WIESO BLEIBEN
SPINNEN NICHT
KLEBEN?

Ein typisches Radnetz besteht aus Stützfäden und der Fangspirale. Nur bei dieser Spirale versieht die Spinne ihren Faden mit einem Klebstoff. Wenn sie selbst daraufftreten muss, verhindern feine Haare und ein öliger Film an ihren Füßen, dass sie haftet bleibt.

Der Harlekin unter den Spinnen

Beinahe niedlich im Vergleich sind die nur etwa einen halben Zentimeter großen **Zebraspringspinnen**. Sie sind gut erkennbar an ihrer markanten schwarz-weißen Zeichnung und an den beiden auffällig großen Augen. Die Tiere mögen warme, sonnenverwöhnte Plätze, zum Beispiel Mauern, auf denen sie, wenn sie gestört werden, umherzuhuschen scheinen. Blitzschnell können sie den Platz wechseln. Die Sprungkraft der Tiere ist spektakulär: Mit nur einem Sprung können sie etwa das 20-Fache der eigenen Körperlänge zurücklegen – so als ob ein erwachsener Mensch aus dem Stand 35 Meter weit springt. Das dient unter anderem dem eigenen Schutz, vor allem aber erweist es sich als ausgesprochen zweckdienlich, um ein Beutetier anzufallen. Das derart überraschte Opfer, das deutlich größer sein kann als die Springspinne selbst, wird mit einem Giftbiss getötet. Ihren Spinnenfaden benutzt sie, um sich beim Sprung abzusichern, baut sich aber auch eine Art Nest daraus, in das sie sich zurückzieht. Neben dem großen auffälligen Augenpaar besitzen die Tiere noch ein kleineres, das ebenfalls nach vorne ausgerichtet ist, dazu zwei weitere Paare, die sich seitlich am Kopf befinden. So haben sie ihre Umgebung stets im Blick, ohne sich großartig bewegen zu müssen – und huschen schnell davon, sobald sich ein Mensch nähert.

← *Wo noch vor Kurzem die Blüten der Herbstanemone waren, finden sich jetzt wollig weiche Samenstände. Sie halten sich etliche Wochen und sorgen für viele Nachkommen.*

THEMA: PFLANZENKOMMUNIKATION
PROF. DR. CAROLINE MÜLLER

BÄUME RUFEN IHRE BODYGUARDS.

Bei Pflanzen läuft die Kommunikation über chemische Signale. Kommt der Ulmenblattkäfer auf die Ulme und legt hier seine Eier ab, reicht das schon aus, um die Chemie der Ulmenblätter zu verändern. Sie senden Duftstoffe aus, die kleine Schlupfwespen anlocken. Diese parasitieren die Eier des Käfers, der sich dadurch nicht weiterentwickeln kann. Die Pflanze macht also eine Art »cry for help« und ruft ihre eigenen Bodyguards zu Hilfe. Die Schlupfwespe hat hierbei den Vorteil, dass sie ihren Wirt gut findet. Die Ulme hat den Vorteil, dass aus den Eiern des Käfers keine Maden schlüpfen können und ihre Blätter fressen. Pflanzen sind alles andere als passiv!

GANZ SCHÖN GIFTIG

Im Beet, auf Rasen und Wiesen steht jetzt die **Herbstzeitlose**. Ähnlich wie der Elfen-Krokus im Frühjahr hat sie zarte violette Blüten. Vollkommen harmlos sieht die Zwiebelpflanze aus, doch ist sie eine der giftigsten in unseren Gärten. Colchicin heißt der Stoff, der ihr tödliche Kraft verleiht: Im menschlichen Körper beeinträchtigt er die Zellteilung und schädigt so die Organe. Alle Teile der Pflanze sind giftig, was im Frühjahr gefährlich werden kann, denn dann treibt die Herbstzeitlose grün aus – gleichzeitig mit dem Bärlauch. Wo Letzterer gesammelt wird, muss gut hingesehen werden, um Verwechslungen auszuschließen.

Auch die **Beeren des Seidelbasts** röten sich – ebenfalls eine der giftigsten Pflanzen. Zwar fressen Vögel die Früchte gerne, doch für Menschen sind sie ungenießbar wegen des enthaltenen Mezereins. Sie schmecken unangenehm, werden dennoch mehrere Beeren gegessen, kann das tödlich enden. Viele Gartenpflanzen enthalten Gifte, die wenigsten entfalten allerdings eine so tödliche Kraft wie Seidelbast und Herbstzeitlose. Der Blaue Eisenhut, der Goldregen, die Eibe (→ Seite 126) und der Aronstab (→ Seite 48) gehören zu den gefährlicheren. Im **Eisenhut** ist es das Aconitin, das schon bei Berührung zu einer Hautreaktion führen, bei Verzehr nach und nach den gesamten Körper lähmen kann. Der **Goldregen** enthält das Gift Cytisin, in den Samen kommt es in besonders hoher Konzentration vor. Werden sie gegessen, kann es zu einer unter Umständen tödlichen Atemlähmung kommen. Auch Stechapfel und Bilsenkraut, Gefleckter Schierling und Tollkirsche enthalten hoch toxische Stoffe – doch gehören sie nicht zu den typischen Gartenpflanzen. Dem gerne zur Zierde angepflanzten **Rizinus** sollte hingegen mit Respekt begegnet werden, die Samen enthalten das tödliche Gift Rizin.

Viele Gewächse im Garten haben Inhaltsstoffe, die gesundheitliche Schäden hervorrufen können – sollte man auf die Idee kommen, sie zu essen: Christrosen und Maiglöckchen, Pfingstrosen und Thuja gehören dazu. Aber auch zahlreiche andere wie Rittersporn, Liguster und Azaleen, ja sogar Efeu, Tulpen und Forsythien sind in geringem Maße giftig. Die Toxine dienen den Gewächsen in erster Linie dazu, sich vor Fraßfeinden zu schützen. Oft findet sich in jungem Laub die höchste Konzentration. Samen dagegen sind meist gut verpackt in schmackhafte Hüllen, sodass Vögel diese fressen und die Kerne später unbeschadet ausscheiden – und somit die Pflanze an neuen Orten verbreiten.

Doch auch Menschen können einen Vorteil von der Giftigkeit haben: Viele der Stoffe entfalten heilende Wirkung – auf die Dosis kommt es an! Die Glykoside des Fingerhuts können Herzversagen auslösen, kleinste Mengen helfen bei Herzkrankheiten. Eisenhut war einst ein Mittel gegen Fieber. Salicylate, die Gifte aus Weiden und dem Mädesüß, sind wirksam gegen Fieber und Schmerzen.

7.

VOLLHERBST

DIE KASTANIEN FALLEN.

*Auch Eicheln sind jetzt reif, und unter den Buchen liegen
die Eckern. Wo im vergangenen Monat noch alles grün
war, wird es nun gelb, rötlich und braun: Birken, aber auch
Rotbuchen, Eschen und Wilder Wein bekommen buntes
Laub. Holunder und Kirschbäume werden kahl. In
manchen Nächten friert es. Das ist die Zeit des Vollherbstes.*

IM GEMÜSEBEET GIBT ES IMMER NOCH ETWAS ZU ERNTEN.

WAS SEHE ICH?

Rotes und gelbes Laub. Bunte Blüten von Astern und Ringelblumen. Reife Quitten. Bienen im Efeu und Frostspanner im Apfelbaum.

WAS SEHE ICH NICHT?

Eingebuddelte Nüsse des Eichhörnchens und Eibensamen, die der Kleiber versteckt hat. Neu gebildete Wurzeln frisch angepflanzter Stauden.

UNTER DER AUFGEPLATZTEN STACHELIGEN SCHALE schimmert es mahagonifarben: Frisch ausgepellte Kastanien sind am schönsten, sie liegen samtig und kühl in der Hand. Die Oberfläche ist makellos. Doch schon nach wenigen Stunden verlieren sie ihren Glanz. Sie werden trocken, nach ein paar Tagen sind sie stumpf und runzelig geworden. Kastanien läuten den Vollherbst ein. Im Wald werden sie von Rehen und Wildschweinen gefressen. Im städtischen Raum sind es Eichhörnchen, die sie sich für den Winter einlagern. Menschen erfreuen sich an den glatten braunen Samen, Kinder basteln Figürchen daraus. Denn essbar ist die Rosskastanie nicht. Die Früchte, die geröstet oder gekocht zu einem typischen Winteressen gehören, stammen von der Edelkastanie, die gar nicht mit der Rosskastanie verwandt ist. Sie reifen ebenfalls in dieser Jahreszeit, ihre Schale ist jedoch noch viel stacheliger. Auch Eicheln sowie Bucheckern gibt es nun in großen Mengen. In Mastjahren – in Jahren, in denen die Bäume viele Samen bilden – knirscht es beim Gehen: Die harten Samen platzen beim Drauftreten auf.

Das Laub verfärbt sich: Linden und Buchen vergolden allmählich Straßen und Gärten. Birkenlaub hebt sich wie ein feines strahlendes Muster vor dunklem Efeu ab, und die Zierkirsche verwandelt sich in eine rötlich-gelbe lodernde Wolke. Auch an grauen Tagen sieht es aus, als würde die Sonne scheinen. Kartoffelrosen bekommen rosarot und orangegelb leuchtende Blätter, und die Johannisbeeren haben nun Farben, die es fast mit den vor drei Monaten geernteten Beeren aufnehmen können. Der Baumspinat hat hellrotes Laub, auf dem sich bei Nieselregen Tröpfchen absetzen wie winzige Diamanten. Die Blüten, lange Rispen, werden schwer von den enthaltenen Samen und beugen sich bei Nässe zu Boden. Auch der Kirschbaum verfärbt sich, das Apfellaub wird gelblich und hat braune Flecken. Dunkelrot ist der Hartriegel, sein Laub passt zu den dunkel-purpurfarbenen Zweigen, ehe es abfällt.

LETZTE BLÜTE UND ERNTE

Dies sind freundliche Herbsttage. Wenn die Sonne scheint, kann man durchaus im Freien sitzen und beim Tee die wärmenden Strahlen genießen. Doch selbst wenn ein letzter Hauch Sommer in der Luft liegt, ist eindeutig eine andere Saison angebrochen. Abends wird es empfindlich kühl im Garten, morgens ist alles kalt und nass vom Tau. Je länger der Herbst fortschreitet, desto ungemütlicher wird es draußen: An Regentagen zieht die Feuchtigkeit in die Kleidung und macht frösteln. Nass sind die Blüten der Fetthenne und gänzlich unbelebt, kein Tier lässt sich mehr darauf blicken. Auch Vögel sitzen in sicherem Versteck. Die Erde ist matschig und klebt am Schuh, beim Zupfen von Unkraut werden die Finger klamm und kalt.

Obwohl die **Vergänglichkeit** schon spürbar ist, hat der Garten dennoch einiges zu bieten: Die letzten Äpfel und späte Kartoffelsorten wollen geerntet werden, Mangold, Rote Bete und Feldsalat stehen noch im Beet. Ihnen machen auch erste Fröste nichts aus. Grünkohl wird durch Kälteeinwirkung milder, auch Zuckerhutsalat, Endivie, Lauch und Sellerie bleiben bis zur Ernte in der Erde. Die Quitten werden behutsam gepflückt, ehe sie herunterfallen, denn die Früchte, obwohl fast so hart wie Stein, sind empfindlich und bekommen Druckstellen, die schnell faulen.

Ganz will sich die Saison noch nicht verabschieden. Manche Pflanzen starten erneut durch: Der Giersch treibt aus und bekommt einzelne frischgrüne Blätter. Unermüdliche Rosen bringen wenige, aber noch ansehnliche Blüten hervor. Gelbe und orangefarbene Ringelblumen sowie Astern in allen Tönen zwischen Altrosa und Dunkelviolett machen die Beete bunt. Feldsalat wächst langsam, aber stetig, dazwischen bilden Disteln, die sich selber angesiedelt haben, große grüne Rosetten.

DIE WALNUSS SCHÜTZT SICH

Nicht nur Kastanien, Eicheln und Bucheckern fallen jetzt, sondern auch Nüsse, die den Menschen schmecken: Unter den Walnussbäumen liegen runde Früchte. Ähnlich wie bei der Rosskastanie platzt die grüne, hier allerdings glatte Schale auf, darunter ist die braune Nuss zu sehen. Sie wird herausgepellt und dann zwei, drei Wochen getrocknet, bis sie genießbar ist. Wer einen Walnussbaum im Garten hat, sammelt am besten täglich und lagert ein. Denn auch das Eichhörnchen ist unterwegs und folgt seinen ganz eigenen Gesetzen: Mit einer riesigen Nuss fest im Maul buddelt es beflissen ein Loch, mitten auf einer Rasenfläche. Binnen weniger Minuten wird es seine Beute versteckt haben. Findet es sie im Winter nicht wieder, was bei vielen solcher Schätze der Fall ist, wird die Walnuss erst eine tiefe Wurzel nach unten bilden, dann nach oben keimen. Der große Same enthält viele Nährstoffe, sodass im ersten Jahr eine kräftige, zwei Handbreit hohe Pflanze heranwachsen kann. Sie lässt sich kaum noch aus dem Boden ziehen. Denn wenn die ersten Blättchen erscheinen und sich entfalten, ist die Wurzel schon doppelt so tief in der Erde, wie der Keim hoch gewachsen ist. Das Pflänzchen kann sogar dem Schnitt einer Gartenschere trotzen – der Stängel treibt neu aus. Wo es sich ungestört entfalten kann, wächst es zu einem stattlichen Baum von rund 25 Metern Höhe heran.

THEMA: AMEISEN ALS GÄRTNER

PROF. DR. THOMAS SCHMITT

DIE PFLANZEN ZAHLEN MIT NÄHRSTOFFEN.

Die Samen mancher Pflanzen haben ein Anhängsel, das die Ameisen mögen: ein Elaiosom. Es enthält viele Nährstoffe, wie Fette und Zucker, aber auch Eiweiße und Vitamine. Ameisen lagern diese Samen deshalb in ihrem Bau als Vorrat ein. Dort keimt die Pflanze dann. So zum Beispiel bei Veilchen. Entstanden ist diese Symbiose ursprünglich vermutlich rein zufällig durch die Entwicklung eines Merkmals. Möglicherweise haben sich auf den Samen einer bestimmten Pflanze vermehrt Zucker befunden. Dieses Merkmal muss jedoch genetisch fixiert gewesen sein. Ameisen haben diese Samen systematisch abtransportiert. Diese Veilchen haben sich deshalb stärker verbreiten können, hatten eine stärkere Nachkommenschaft als solche ohne diese Zucker. Es entstand ein positiver Selektionsdruck, und irgendwann gab es nur noch die Veilchen mit Elaiosom. Ein positiver Selektionsdruck auf eine Eigenschaft wirkt sich negativ auf alle anderen aus. Das kann bei starkem Selektionsdruck sogar binnen weniger Generationen dazu führen, dass sich ein Merkmal durchsetzt und andere verschwinden.

Der Mensch bleibt dennoch einer der größten Feinde junger Walnussbäumchen. Denn von Kaninchen oder Rehen haben sie nichts zu befürchten: Die Tiere mögen das Grün nicht gerne wegen der bitteren Inhaltsstoffe. Aber auch anderen Lebewesen hat die Pflanze nicht viel zu bieten. Nur wenige **Insekten** leben auf den Zweigen. Die Raupe des eher in südlicheren Gefilden zu findenden Wiener Nachtpfauenauges gehört zu den wenigen, die das Laub fressen. Manchmal sind Kastanien- und Weidenbohrerlarven im Holz unterwegs. Die fleischige Schale der Nuss ist dagegen für Apfelwickler attraktiv, vor allem aber für die Walnussfruchtfliegen: Sie legen ihre Eier in das Fruchtfleisch, das sich in eine schwarze, breiige Masse verwandelt. Das wirkt abstoßend, doch so befallene Nüsse können dennoch verzehrt werden. Die weiche Schale wird abgeschrubbt, das Innere ist unversehrt. Der Baum ist auch ein Lebensraum für **Pilze**, die Blattflecken verursachen – vom Menschen natürlich nicht gerne gesehen. Wo die Luft rein ist, siedeln sich auch **Flechten** auf der Walnuss an. Pustelpilze können an Zweigen und dem Stamm auftreten.

Grund dafür, dass es auf der Walnuss nicht summt und brummt, ist das Juglon: ein bitterer Stoff, den der Baum in seine Umgebung abgibt über die Wurzeln, aber auch durch Laub und Nüsse, die auf der Erde liegen. Das Juglon hat allelopathische Wirkung (→ Seite 91), mit Juglon schafft sich die Walnuss Konkurrenz vom Stamm: Der Stoff wird zwar von Mikroorganismen abgebaut, dennoch ist so viel vorhanden, dass kaum etwas unter der Walnuss wächst. In der Erde bildet der Baum eine Symbiose mit Mikropilzen, die ihn mit Nährstoffen versorgen, aber durch ihr feines Netzwerk auch mit den anderen Pflanzen verbinden. So kann der Baum sein Juglon verbreiten, das viele Gewächse nicht vertragen. Manchen wie Farnen macht es nichts aus. All das machen natürlich die Nüsse wett. Mäuse und Krähen lieben sie, denn sie sind eine fetthaltige Nahrung für den Winter. Und natürlich das Eichhörnchen, das man behände mit seinem Schatz durch den Garten huschen sieht.

IMMERGRÜNE EIBE

Dunkelste Nadeln, hellrote Früchte. Ein Baum, der immer wieder austreibt. Eine der bekanntesten Giftpflanzen im Garten. Und ein Gewächs, das schon bei den Kelten als heilig galt, glaubt man Überlieferungen, das vielleicht sogar den Lebensbaum der nordischen Sage Edda darstellt: Yggdrasil.

Die Eibe erfreut sich gerade einer Renaissance in den Gärten, da sie vielerorts den kränkelnden Buchsbaum ersetzt. Sie lässt sich gut in Form schneiden und wächst an unterschiedlichsten Standorten, so auch im trockenen Schatten, einer der undankbarsten Stellen. Wenn Platz vorhanden ist, sollte sich eine Eibe entfalten dürfen, denn ausgewachsene Bäume bilden imposante Gestalten. Nahezu unverändert bleibt die Eibe im Jahresverlauf. In der Regel gibt es männliche und weibliche Pflanzen, nur selten finden sich beide Geschlechter auf einem Baum. Im Frühjahr senden männliche Eiben Pollen aus, den weibliche mittels winziger Tropfen an ihren unscheinbaren Zapfen aus der Luft aufsammeln. Nach der Bestäubung bilden sich daraus Samen, die jetzt im Herbst an ihrer hellroten Färbung schon von Weitem zu erkennen sind.

DIE ERDHUMMEL IM VOLLHERBST

Hier und da fliegt noch eine Hummel durch den Garten. Es sind Männchen, die Nahrung suchen. Die meisten Weibchen, Jungköniginnen, die im kommenden Jahr einen neuen Staat gründen, sitzen bereits im Winterversteck unter Laub oder in einem sicheren Erdloch.

Nahrung für Vögel ...

Ihre Farbe scheint Warnsignal zu sein. Dabei ist das Fruchtfleisch – der Samenmantel, der Arillus genannt wird – das Ungiftigste an der Pflanze. Vögel wie Amseln, Singdrosseln, Stare und Rotkehlchen werden durch die Farbe erst aufmerksam, sie fressen die Scheinbeere. Drosseln wie Mistelund Singdrossel bleiben einem Baum treu und wehren sogar andere Vögel ab, um sich die Winternahrung zu sichern. Doch auch Eichelhäher, Spatzen und Rotschwänzchen mögen die Samen. Sie verschlucken sie und scheiden den Kern, der eine besonders hohe Konzentration an Taxanen enthält, wieder aus. Das ist eine Strategie der Eibe, um sich zu verbreiten. Weniger günstig für den Baum ist es, wenn Vögel den Samen verspeisen: Kernbeißer, Dompfaff, aber auch Kohlmeise und Specht fressen den Kern und kommen ohne Schaden davon. Der Grünfink pickt ihn sogar auf und schält ihn säuberlich ab. Kleiber verstecken Eibensamen in Ritzen, wo kaum ein anderes Tier

JETZT GIBT ES FUTTER IM ÜBERFLUSS – TIERE LEGEN WINTERVORRÄTE AN.

herankommt. Sie holen sie in schlechteren Zeiten heraus, aber solche, die sie vergessen, keimen dann in Fugen von Mauern oder Gehwegen. Auch Mäuse, Rötelmäuse zum Beispiel, fressen die Samen von der Eibe ganz unbehelligt vom Giftstoff. Das rote Fruchtfleisch mögen zudem Siebenschläfer, sogar Rotfüchse und Dachse.

... und Insekten

Doch auch anderes Leben gibt es auf der Eibe: Die auf dieses Nadelgehölz spezialisierte Eibengallmücke löst die Bildung einer Galle aus, meist an den weichen Spitzen der Triebe. Hier schließt sich ein Büschel Nadeln zusammen, sodass ein kleines Gebilde entsteht, das an eine Artischocke erinnert. Darin leben die Larven der Mücke. Die Galle bietet dennoch keinen kompletten Schutz. Denn manchen Schlupfwespen dienen die Gallmückenlarven als Wirt, sie legen ihre Eier hinein. Die Nadeln der Eibe selber sind Nahrung für die Raupen von Schmetterlingen, unter anderem vom Rotgebänderten Wickler. In Frankreich und auf den Kanalinseln gibt es auch kleine Falter, die davon leben und die gegen die Taxane immun sind.

LEBEN IM EFEU

Eine andere dunkle, immergrüne Pflanze, die jetzt im Garten in den Vordergrund tritt, ist das Efeu. Mit langen Trieben schlängelt es sich über den Boden, an Bäumen und Mauern nach oben. Efeu ist eine dankbare Begrünung für schattige Stellen, meist wird es wegen seines Laubs geschätzt, vielen gilt es aber auch als lästige Rankpflanze, die regelmäßig zurückgeschnitten werden muss. Ältere Pflanzen erkennt man an den Blättern, die nicht mehr gezackt, sondern oval und spitz zulaufend sind. Sie bilden holzige Stämme, die sich wie kleine Baumkronen erheben. Daran öffnen sich jetzt im Vollherbst, zuweilen schon etwas früher, gelblich-grüne, runde Dolden. So unscheinbar sie dem menschlichen Auge sein mögen: Sie werden umschwärmt von Bienen, Hummeln und Fliegen, auch Wespen holen sich hier Nektar und Pollen. Die Efeu-Seidenbiene hat sich sogar auf diese Pflanze spezialisiert und ernährt ihre Larven von den Pollen. Schmetterlinge wie Admiral und Tagpfauenauge besuchen ebenfalls die Blüten. Denn in dieser Jahreszeit finden sie nicht mehr viel Nahrung im Garten. Efeu bildet **Beeren**, die zunächst grün sind, dann blau und schwarz werden. Im Winter, manchmal erst im Frühjahr, reifen sie heran und sind nicht nur dekorativ, sondern werden auch von Vögeln gefressen. Grund genug, Efeu in den Garten zu holen, wo es noch keines gibt. Alte Bestände bilden eine dichte Schicht aus Trieben und Laub, die bis zu einem Meter dick sein kann. Sie ist ein eigener Lebensraum: Käfer und Spinnen, die hier Unterschlupf finden, sind Nahrung für Vögel, die im dichten Gewirr der Zweige ihre Nester bauen.

VORRÄTE ANLEGEN

Die Haupterntezeit ist längst vorbei. Doch Tiere im Garten finden jetzt viel Nahrung, die sie über die kalten Monate bringt. Manche wie das Eichhörnchen verstecken Nüsse, andere fressen sich einen Winterspeck an.

Der **Eichelhäher** betreibt eine besonders strategische Vorratshaltung. Im Frühjahr und Sommer nimmt er tierische Kost in Form von Raupen, Käfern, Engerlingen, sogar Mäusen und jungen Singvögeln zu sich. Wenn der Winter naht, sucht er nach nahrhaftem pflanzlichem Futter, das er einlagern kann. Er sammelt vor allem Eicheln, gerne auch Haselnüsse, Bucheckern oder sogar Walnüsse. Auf Streifzügen, in denen er sein Revier verlässt und kilometerweit fliegt, erbeutet er bis zu zehn Eicheln, die er in seinem Kropf zurückbringt, um sie im Erdreich, gerne an den Wurzeln von Bäumen oder in Ritzen, zu verstecken. Selbst wenn er viele wiederfindet: Zahlreiche Nüsse bleiben im Boden, wo sie keimen und sich im besten Fall zu Bäumen entwickeln. Der Eichelhäher sorgt also dafür, dass sich bestimmte Arten in einem weiteren Radius verbreiten, als ihnen ohne gefiederte Hilfe möglich wäre.

WARUM HORTEN MAULWÜRFE REGENWÜRMER?

Der Maulwurf braucht im Winter etwa 50 Gramm Futter pro Tag. Da sich die Würmer bei Frost in tiefere, schwerer erreichbare Bodenschichten zurückziehen, hortet der Maulwurf sie in einem Lager: Mit einem Biss in den Kopf macht er sie bewegungsunfähig und verzehrt sie später.

Der **Maulwurf** gehört zu den Tieren, die keinen Winterschlaf machen, nur den Stoffwechsel etwas zurückfahren, um nicht allzu viel Energie zu verbrauchen. Denn auch für ihn, der Würmer, Insektenlarven, Schnecken und sogar kleine Säugetiere frisst, wird es in der kalten Jahreszeit knapp. Im Herbst legt er unterirdisch Speisekammern an, um Futter für den Winter zu haben.

Andere Tiere wie die **Haselmaus** oder der **Igel** legen keine Vorräte an, sondern fressen sich noch einmal richtig satt, ehe sie ihren Winterschlaf beginnen. Haselmäuse mögen Nüsse am liebsten, ernähren sich aber auch von Beeren und kleinen Insekten. Igel, die besonders viel Winterspeck benötigen, durchstöbern die Beete und das Unterholz nach Schnecken und Käfern, Regenwürmern und Spinnen.

BRAUTSCHAU IM APFELBAUM

Im Apfelbaum ist jetzt viel los: Zwar sind die Äpfel geerntet und das Laub ist unansehnlich geworden. Doch nun beginnt die **Balz der Kleinen Frostspanne**r. Sie schlüpfen aus ihren Kokons, in denen sie den Sommer überdauert haben. Die Männchen flattern hinauf in die Baumkronen. Dort warten sie auf die Weibchen, denn die hat die Natur nicht mit Flügeln ausgestattet. Sie laufen zu Fuß den Baumstamm hinauf. Die befruchteten Eier werden an bereits

← Das Laub des Wilden Weins verfärbt sich, seine Beeren sind gefundenes Fressen für Vögel. Sie brauchen jetzt viel Nahrung, um sich Reserven für den Winter zuzulegen.

131

vorhandenen Knospen oder auch in die Rinde abgelegt, wo sie überwintern. Im Frühjahr schlüpfen die Raupen, die eine Art Netz spinnen, um sich zu schützen. Sie fressen das Laub und können dem Baum schaden. Sie lassen sich auch an langen Fäden mit dem Wind tragen und gelangen so auf neue Gehölze. Sind die Raupen ausgewachsen, seilen sie sich an Fäden ab in Richtung Boden, wo sie sich verpuppen und dann im Herbst in Form von Faltern schlüpfen. Um sie an der Fortpflanzung zu hindern, bringen Gärtner Leimringe am Stamm der Bäume an – die Weibchen bleiben kleben und verenden, die Männchen finden keine Partnerinnen. Das dämmt den Frostspanner zumindest ein, manch ein Weibchen mag aber Glück haben und sich unter dem Ring in einer Borkenspalte nach oben zwängen.

WURZELN WACHSEN

Auch wenn sich der Garten nicht mehr so rasant verändert wie im Frühjahr: Wachstum findet trotzdem statt. Das fällt bei Gräsern und Kräutern auf, die sich überraschend auf dem Gemüsebeet ansiedeln, auch Feldsalat wächst zwar langsam, aber stetig zu einer Größe heran, in der er geerntet werden kann. Eine gute Zeit, um Neues zu pflanzen. Denn auch wenn oberirdisch nicht viel passiert: Unterirdisch entstehen Wurzelhaare, mit denen Pflanzen Wasser, aber auch Mineral- und Nährstoffe aus dem Boden aufnehmen können. Kommt das Frühjahr, haben sie alle Vorbereitungen getroffen, um sich über der Erde entfalten zu können.

+ **Laubbäume** werden gepflanzt, wenn sie keine Blätter mehr haben. Über das Laub produzieren sie im Sommer Nährstoffe, werfen es jedoch ab, ehe der Winter kommt. Schließlich verdunstet über die Blätter viel Wasser, was von Nachteil ist, wenn es friert: Ist der Boden steinhart, kann der Baum keine Feuchtigkeit aufnehmen und vertrocknet. Doch lagert ein Gehölz genügend Nährstoffe ein, um auch ohne Laub über die Runden zu kommen. Seine Energie steckt es dann eher in die Wurzeln als in die oberirdischen Teile.

+ **Obstbäume, Birken oder Ligusterhecken:** Was jetzt gepflanzt wird, ist gegen Ende des Erstfrühlings startklar. Ausnahmen sind Gewächse, die nicht aus unseren Breiten stammen, zum Beispiel Zierahorn. Sie benötigen meist mehr Wärme, um zu wachsen, und kommen besser im Frühling in den Garten.

- **Wurzelnackte:** Gehölze wie Eichen, Ebereschen oder Linden, aber auch Wildrosen werden wurzelnackt angeboten. Sie kommen frisch aus der Erde, sind ohne Topf oder Erdballen und sollten so bald wie möglich wieder eingepflanzt werden. Den Winter über ist Zeit dazu, solange der Boden nicht gefroren ist.
- **Ballenware:** Bei Gehölzen mit einem Wurzelballen ist es ganz ähnlich. Sie sind in der Baumschule mehrfach verschult worden, also umstochen und an andere Stelle umgepflanzt, sodass ein kompaktes Wurzelwerk entstanden ist. Auch für sie ist die späte Saison zwischen Vollherbst und Vorfrühling die beste Pflanzzeit.
- **Containerware:** Ganz unkompliziert sind Bäume oder Sträucher, die im Topf erhältlich sind, sie sind meist darin gewachsen und können das ganze Jahr über in die Erde gesetzt werden.

Doch selbst gesät werden kann jetzt noch so spät im Jahr. Zu den Kaltkeimern gehören Christrosen, Küchenschellen, Duftveilchen und Süßdolden. Erst wenn sie einen Frost oder eine Kältephase um die vier Grad Celsius mitgemacht haben, beginnen die Samenkörner aufzubrechen und zu keimen – ein Prozess, der über Hormone gesteuert wird. Das verhindert, dass sie schon im Herbst mit dem Wachstum beginnen und den jungen Pflänzchen dann der kalte, dunkle Winter bevorstünde. Wer zu spät mit der Aussaat dran ist, kann die Kälte auch durch einige Wochen im Kühlschrank imitieren. Einfacher ist es jedoch, jetzt eine Saatschale vorzubereiten und Diptam, Eisenhut, Sumpf-Iris oder Frühlings-Platterbse auszusäen. In eine ruhige Gartenecke oder ein offenes Frühbeet gestellt, hat der Samen in der Erde an der Witterung teil. Frost und Schnee nehmen Einfluss, und im Frühjahr keimt die Saat dann von alleine.

DER GIERSCH IM VOLLHERBST

Neues Grün! Der Giersch startet noch einmal durch, besonders, wenn es nach einem trockenen Sommer wieder feuchter wird. Auch nach Arbeiten im Beet erscheinen wie aus dem Nichts neue kleine Blättchen. Der Giersch nutzt jede Chance, Energie zu tanken.

8.

SPÄTHERBST

DER GARTEN LIEGT VOLLER LAUB.

*Linden, Birken, Kirschbäume zeigen ihre Zweige, sie haben
ihre Blätter bereits verloren. Wenn nun auch die Rosskastanien
und Stieleichen kahl werden, ist der Spätherbst angebrochen.
In den Beeten herrschen Brauntöne vor, doch zwischen
den trockenen Samenständen finden sich noch letzte Blüten.*

DIE GARTENSAISON NEIGT SICH DEM ENDE ZU.

WAS SEHE ICH?

*Warme Farben: Rote und gelbe Blätter.
Die Struktur der Gehölze, wenn das
Laub gefallen ist. Orangefarbene Samen
der Übelriechenden Iris.*

WAS SEHE ICH NICHT?

*Igel, die sich zum Winterschlaf
zurückgezogen haben. Käferlarven im
Totholz. Chlorophyll, das in den
Blättern der Bäume abgebaut wird.*

NÜCHTERN WIRKT DER GARTEN NUN, nach dem letzten großen Farbspektakel, in dem sich die Bäume in goldene und braune Laubwolken verwandelt hatten. Wo gerade noch eine leuchtende gelbe und orangefarbene Krone war, sind nun filigrane Zweige zu sehen. Von der Sonne beschienen, wirken sie grafisch. An den Johannisbeeren hängen noch letzte, blutrote Blätter, die an die Früchte zurückerinnern, die vor fünf Monaten reif wurden. Auch die Staudenbeete leeren sich, von den Funkien sind nur mehr klägliche Überreste geblieben, und selbst der Knöterich wird braun, weich und kippt. Farbe bringen noch die unermüdlichen Ringelblumen ins Beet, das Mutterkraut und letzte Rosen. Das Chinaschilf verfärbt sich golden, die Blüten sind zu flauschigen Büscheln geworden.

BLICK IN DIE WEITE

Interessant wird es bei den Gehölzen: Der Weißbunte Hartriegel verwandelt sich von einem lockeren, lichten Strauch in ein zierliches Gebilde aus roten Trieben. Die Pappeln ähneln aufrechten, schmalen Reisigbesen, Hängebuchen gewaltigen Schirmen, die mitunter etwas Gespenstisches haben – besonders, wenn Herbstnebel ziehen. Die dicken, knorrigen Äste der Eichen werden jetzt sichtbar, genau wie die majestätischen Baumkronen der Rosskastanien. Am Apfelbaum fallen letzte vertrocknete Früchte auf sowie die Flechten, die an manchen Zweigen wachsen. Birken zeigen ihre elegante Form, Rosen dagegen ein stacheliges Gestrüpp. Die Luft ist morgens nun richtig kalt, manchmal fast schneidend.

Paradoxerweise wirkt der Garten jetzt nicht größer, sondern eher kleiner, überschaubarer. Die Nachbarhäuser, Schuppen, Garagen und Straßenlaternen rücken optisch näher. Wenig lenkt das Auge, das die Weite sucht, ab. Denn dünnes Zweigwerk kann mit sommerlichen Laubkronen nicht mithalten, es gibt den Blick frei auf die Umgebung, die für sechs, sieben Monate verdeckt war. Jetzt wird die Bedeutung der Immergrünen wie Eiben und Buchs, Rhododendron und Wacholder offensichtlich. Sie bleiben, bis auf Blüten und Beeren, das Jahr über weitgehend unverändert. Für das Gartenbild sind sie unverzichtbar. Doch ist gerade der Wechsel, den laubabwerfende Gehölze zeigen, reizvoll. Er lässt die Jahreszeiten deutlich erleben.

BESONDERE DETAILS

Wo kaum noch bunte Blüten den Blick auf sich ziehen, springen Details ins Auge: Die Fruchtstände der Übelriechenden Iris sind aufgesprungen und geben neonorangefarbene Samen preis. Die Junkerlilie, die im Frühjahr hohe gelbe Blüten trägt, hat nun interessante, barock verschnörkelte trockene Samenstände. Astern, die noch vor wenigen Wochen in allen Farbtönen zwischen Blassrosa und Tiefviolett geblüht haben, sind auf wollig-weiche Büschel auf rötlichen Stängeln reduziert. Die Goldrute hat ebenfalls ihre Form verändert: Anstelle der gelben Blüten stehen nun kleine Wolken aus filigranen silbrigen Samensternchen.

IM BLÜTENLEEREN GARTEN FALLEN NUN DIE KLEINEN DINGE AUF.

Hier und da wächst noch etwas, das nicht durch den Winter kommen wird: Die Kapuzinerkresse ist in dieser Jahreszeit beinahe am schönsten, da ihr frisches Grün und ihr helles Orange besonders auffallen. Doch das hält nur bis zum ersten Frost, danach verwandelt sie sich unwiederbringlich in Matsch. Die Saat ist aber bereits in Form unzähliger Samenkörner angelegt, die die Pflanze seit dem Spätsommer produziert hat. Den Frühling nicht erleben werden höchstwahrscheinlich auch die Tomatensämlinge, die aus heruntergefallenen Kirschtomaten gekeimt sind. Denn nun wird es bereits empfindlich kalt, nachts gibt es erste Fröste, am Morgen knirscht der Rasen. Der Garten wird unwirtlich. Auch Tiere ziehen sich zurück.

BUNTE BLÄTTER

Ehe sie fallen, werden die Blätter gelb, rot, orangefarben oder sogar violett. Pigmente, die Blattfarbstoffe sorgen für ihre Farben. Am auffälligsten sind die **Chlorophylle**, die den Pflanzen ihre typische grüne Tönung geben. Chlorophylle absorbieren Licht und wandeln es in Energie um. Mittels Wasser, das über die Wurzeln aufgenommen wird, und Kohlenstoffdioxid, das über das Laub hereinkommt, stellen Pflanzen in der Fotosynthese Glukose und Sauerstoff her. Die Glukose wird verwendet, der Sauerstoff über die Blätter in die Umwelt abgegeben.

Laub erscheint grün, da die Chlorophylle vor allem das rote und blaue Spektrum des Lichts absorbieren und den grünen Anteil reflektieren. Bei Pflanzen wie Blutbuche, dem Roten Perückenstrauch oder auch vielen Purpurglöckchensorten ist das Laub rot. Hier sind mehr von den Anthocyanen und Carotinoiden in den Blättern vorhanden, es werden vor allem das blaue und das grüne Lichtspektrum absorbiert und das rote reflektiert. Panaschiertes Laub, das eine weiße oder gelbliche Färbung aufweist, bildet weniger Chlorophyll. Grund dafür sind meist Mutationen. In der Natur sind solche Pflanzen in der Regel benachteiligt, da sie weniger Energie produzieren können. Im Garten haben aber panaschierte Hartriegel oder Kaukasus-Vergissmeinnicht, Funkien oder Seggen eine Überlebenschance, weil der Mensch ihnen ein konkurrenzarmes Umfeld schafft.

Im Frühling und Sommer wird Chlorophyll benötigt, im Herbst aber nicht mehr, daher wird es abgebaut. Da das Grün verschwindet, werden andere im Blatt vorhandene Farbstoffe sichtbar: die gelben, orangefarbenen und rötlichen Carotinoide und die gelben Xanthophylle. Beim Abbau des Chlorophylls entstehen auch kräftig rote Anthocyane, später noch braune Polyphenole. Alles, was noch an wertvollen Nährstoffe in den Blättern vorhanden ist, Proteine, Mineralstoffe und Stickstoff, lagert der Baum in dieser Zeit woanders ein: in Zweigen und Ästen, Stamm und den Wurzeln. Sie werden erst im Frühjahr wieder benötigt.

Blätterregen

Wann das Laub fällt, hängt von der Tageslänge und den Temperaturen ab. Ein Hormon steuert die chemischen Vorgänge im Baum. Sind alle Stoffe aus den Blättern abgezogen, bildet die Pflanze ein **Trenngewebe** zwischen Zweig und Blattstiel, sodass kein Austausch mehr stattfindet. Das Laub ist jetzt nur noch Ballast und fällt ab. Die dabei entstehende Narbe wird mit einem Korkgewebe verschlossen. Der Baum ist nun bereit für die kalte Jahreszeit, die er ohne die Blätterkrone besser überstehen kann: Winterliche Stürme haben weniger Angriffsfläche, auch schwerer Schnee bleibt auf den dünnen Zweigen kaum liegen. Außerdem spart das Gehölz Wasser. Immergrüne Pflanzen wie Kirschlorbeer verdunsten auch im Winter Wasser über die Blätter und benötigen mehr Feuchtigkeit. Bei lang

DIE ERDHUMMEL IM SPÄTHERBST

Nur noch wenige Insekten sind im Garten zu sehen, Erdhummeln gehören nicht mehr dazu. Die Königin, die Arbeiterinnen und Drohnen sind verendet. Die einzigen Überlebenden des Volkes sind die Jungköniginnen, die an einem geschützten, sicheren Platz überwintern.

anhaltendem Frost vertrocknen sie, da die Wurzeln kein Wasser mehr aufnehmen können. Anders ist es bei Nadelbäumen, die mit Ausnahme der Lärche ihre Nadeln behalten. Frost- und Verdunstungsschutz sorgen hier dafür, dass sie den Winter gut überstehen. Ausnahmen sind auch manche Buchen, Hainbuchen und einige Eichen: Sie kappen lediglich die Zufuhr zu ihren Blättern, bilden aber kein Trenngewebe, sodass das Laub bis zum nächsten Frühling hängen bleibt.

LAUB IN HÜLLE UND FÜLLE

Rasen, Beete und Wege – alles ist voller bunter Blätter. Wind weht sie in die Ecken und auf den Bürgersteig. Bei großen Bäumen kommt eine Menge zusammen. Doch wohin damit? Der Kompost ist schnell voll, und für die Biotonne ist das Laub zu schade. Denn es ist ein wertvoller Bestandteil im Nährstoffkreislauf des Gartens.

Wiederverwertung

Wo Birken und Buchen, Haselnüsse oder Apfelbäume stehen, ist es einfach. Denn ihr Laub zersetzt sich schnell. Aufs Beet geharkt, verwandelt es sich binnen Wochen in Humus. Regenwürmer ziehen sich Blätter in ihre Gänge, Mikroorganismen tun ihr Übriges und lösen alles in seine Bestandteile auf. In kleinen Mengen kann das Laub auch auf dem Rasen liegen bleiben, nur unter einer dicken Schicht beginnt das Gras zu faulen. Ähnlich ist es beim Kompost. Hier sollte Laub mit anderen Materialien und mit reifem Kompost gemischt werden, damit genügend Luft hinkommt. Schwieriger ist es, wenn Walnüsse oder Magnolien, Eichen, Pappeln oder Platanen im Garten stehen. Ihre Blätter enthalten viele Gerbstoffe und brauchen lange, um zu vergehen. Eine Möglichkeit ist es, sie mit dem Rasenmäher zu zerkleinern. Dann kann es auch dünn auf der Wiese liegen bleiben.

Auch Blätter, die mit Pilzen infiziert sind, können kompostiert werden. Rostflecken, sogar Mehltau schaden nicht, da sie nur an der Pflanze selber überleben und auf trockenem Laub absterben. Eine Ausnahme ist der Feuerbrand, eine Pilzkrankheit, die von Bakterien ausgelöst wird und sich schnell ausbreitet. Dabei sind

THEMA: WINTERRUHE BEI PFLANZEN
DR. PATRICK KNOPF

BEI 4 GRAD CELSIUS STELLEN PFLANZEN DEN STOFFWECHSEL EIN.

Laubabwerfende Gehölze ziehen schon im Herbst alle wichtigen Stoffe aus den Blättern ab und lagern sie im Holz ein, denn dort sind sie vor dem Frost sicher. Zucker, Chlorophyll, alles ist in den Knospen bereits vorhanden. Wenn es wieder wärmer wird, ist für den Baum der Winter vorbei, und er treibt aus. Die kritische Grenze für fast alle Stoffwechselvorgänge bei Pflanzen liegt bei plus 4 Grad Celsius. Dann stellen sie alle Vorgänge ein. Je kälter es wird, desto mehr Zucker produziert die Pflanze in ihren Zellen, indem sie Stärke umwandelt. Denn Zucker ist so eine Art Frostschutzmittel. Darum essen Sie auch den Grünkohl im Winter so gerne. Der ist eigentlich bitter, aber wenn einmal Frost darübergegangen ist, wird die Stärke zu Zucker, der dann den Bittergeschmack übertüncht. Ist es nicht mehr kalt, dann kann die Pflanze den Zucker wieder in Stärke zurückverwandeln. Zuckergehalt, Licht und Temperatur initiieren den Austrieb. Wann das ist, kann unterschiedlich sein, je nachdem, wo die Pflanze herkommt. Unsere heimischen Gewächse ruhen am längsten, eine Anpassung an das hiesige Klima. Sie sind somit vorbereitet, dass noch einmal ein später Frost kommen kann. Andere Pflanzen, mediterrane zum Beispiel, tragen oft die sogenannten Spätfrostschäden davon.

aber meist ganze Zweige betroffen, die eintrocknen und dann über den Hausmüll entsorgt werden müssen. Beim Falllaub sollte aber darauf geachtet werden, ob nicht zum Beispiel die Puppen der Miniermotten darin überwintern, wie das bei der Rosskastanie häufig der Fall ist. Wer sie nicht im Garten haben möchte, muss solche Blätter auf dem Kompost sorgfältig mit Erde abdecken.

Winterquartier

In einer windgeschützten Ecke zusammengeharkt, entstehen aus den bunten Blättern große Laubhaufen. Mit ein paar Zweigen und kleinen Ästen, die ihm etwas Halt und Struktur geben, wird daraus ein ideales Winterquartier für zahlreiche Tiere. Igel, aber auch Molche, Erdkröten, Spinnen und Schnecken ziehen sich hierher zurück. Larven und Raupen finden darin einen geschützten Platz, genau wie Tausendfüßler und Asseln. Die Luft zwischen den Blättern wirkt isolierend, sodass es sich tief im Inneren auch bei Minustemperaturen aushalten lässt.

← Überraschung im Spätherbst: Wenn die Fruchtstände der Übelriechenden Iris trocken werden und aufspringen, treten die leuchtend orangefarbenen Samen zutage.

STACHELIGE SYMPATHIETRÄGER

Igel sind gern gesehene Gäste im Garten: Mit ihrem weichen Gesicht im Stachelpelz sehen sie niedlich aus, und sie richten keinen Schaden an, sondern vertilgen viele ungeliebte Insekten. Sie haben Teil am Garten, den der Mensch pflegt, kommen und gehen aber, wann sie wollen. **Igel** entziehen sich der Kontrolle, und damit bringen sie ein bisschen Wildnis ans Haus. Ihr Revier ist groß: Die Tiere sind gut zu Fuß und laufen mehrere Kilometer pro Nacht, sodass sie in vielen Gärten auftauchen können. Damit sie sich wohlfühlen, sollte es nicht zu aufgeräumt sein. Hecken, Laubberge und Kruschelecken sind genau richtig.

Ein warmes Nest

Igel überwintern gerne in Laubhaufen. Doch ziehen sie sich nicht einfach in einen Berg Blätter zurück, sondern bauen sich ein richtiges Nest. Sicher und stabil wird es, wenn das Laub unter den Zweigen von Büschen liegt. Dort tragen die Tiere noch mehr Blätter, aber auch Moos, trockene Halme und andere Pflanzenteile zusammen. Ist genügend Material vorhanden, wühlt sich der Igel hinein und beginnt, sich im Kreis zu drehen. Dadurch entsteht ein charakteristisches, besonders dichtes Nest. Hier wird der Igel die nächsten Monate verbringen: Die Männchen begeben sich oft schon im Vollherbst zur Ruhe, die Weibchen fressen noch einige Wochen weiter, um nach der Aufzucht der Jungen zu Kräften zu kommen.

Der **Winterschlaf** dauert bei den Männchen in der Regel vom Vollherbst bis zum Erstfrühling, bei den Weibchen verschiebt er sich etwas nach hinten – etwa vom Spätherbst bis zum Vollfrühling. Doch gibt es dazwischen auch immer wieder wache Phasen. Die Tiere bleiben dann im Nest und kommen nicht hervor. Gestört werden sollten sie auf keinen Fall, denn das kann ihren Tod zur Folge haben. Igel, die aufwachen, verbrauchen viel mehr Energie, als sie in dieser Jahreszeit durch Futter wieder aufnehmen können. Wer bei der Gartenarbeit aus Versehen auf ein Nest stößt, verschließt dieses wieder sorgfältig mit Laub und Zweigen.

**WARUM HÄLT
EIN IGEL
WINTERSCHLAF?**

Damit übersteht er eine Jahreszeit, in der es so gut wie kein Futter für ihn gibt. Der Stoffwechsel verlangsamt sich, er atmet seltener, das Herz schlägt langsamer, der Körper kühlt sich ab. Dennoch benötigt er Energie; im Frühjahr hat er etwa ein Drittel seines Gewichts verloren.

Igel, die im Frühjahr aus dem Nest kommen, begeben sich sofort auf Nahrungssuche. Die Männchen sind zuerst wach, finden Raupen, Larven und Würmer. Die Weibchen kommen etwas später, im Vollfrühling, wieder hervor. Mit wärmerem Wetter steigt auch das Angebot an Schmetterlingsraupen, Käfern und Larven. Bald paaren sich die Igel, der Nachwuchs – drei bis zehn Junge – kommt fünf bis sechs Wochen später auf die Welt. In einer Zeit, in der es jede Menge Futter gibt.

Erste Hilfe für Igel

Die meisten Igel werden im Spätsommer geboren, in warmen Regionen schon früher. Im Alter von drei Wochen verlassen sie erstmals das schützende Nest, aber die Mutter stillt die Jungen noch, bis sie rund sechs Wochen alt sind. In diesen ersten Monaten geht es für sie nur um eins: genügend zu fressen, um den kommenden Winter zu überstehen. Spätsommer und früher Herbst sind gute Zeiten für die Jungen wie ihre Eltern. Der Garten ist voller Käfer, Raupen, Larven und Würmer, dazu vertilgen Igel manchmal Schnecken. Geleitet werden sie von ihrer Nase, die sehr fein zwischen den unterschiedlichsten Gerüchen unterscheiden kann. Igel haben, wie manch andere Säugetiere und Reptilien auch, ein zusätzliches Sinnesorgan, das Jacobson-Organ: Es besteht aus zwei Hohlräumen

← Wenn das Laub fällt, wird die Struktur der Gehölze sichtbar. Die Blätter vergehen, werden zu Humus, aus dem neues Leben entstehen kann. Ein Kreislauf schließt sich.

145

zwischen Nase und Gaumen und hilft, Gerüche zu identifizieren. Probieren Igel etwas, das sie noch nicht kennen, produzieren sie mitunter viel Speichel, den sie dann auf ihren Stacheln abstreifen. Doch jetzt, im Spätherbst, sind vergleichsweise wenige Insekten zu finden. Igel, die keine 500 Gramm auf die Waage bringen, haben schlechte Chancen, den Winter zu überstehen. Füttern kann helfen, allerdings nur den gesunden Tieren. Dosenfutter für Hunde oder Katzen, gekochte Eier oder auch gekochtes Hühnchen sind gut geeignet, Milch vertragen sie nicht.

Kranke Igel fallen meist dadurch auf, dass sie am helllichten Tag unterwegs sind. Sie haben vielleicht eine Verletzung oder sind unterernährt, was am eingefallenen Stachelkleid sowie der sogenannten Hungerfalte zu erkennen ist, einer Vertiefung zwischen Kopf und Rücken. Wird ein solches Tier gefunden, ist Erste Hilfe angesagt. Der Igel sollte vorsichtig in einen Karton gesetzt und zu einer Igelstation oder einem Tierarzt gebracht werden. Wer selber pflegen will, muss sich ausführlich informieren, um nichts falsch zu machen. Wer einen Igel ins Haus holt, sollte bedenken: Das Tier ist selbst Lebensraum für vielerlei Wesen wie Flöhe, Zecken, Milben, Band- und andere Würmer. Manchmal haben auch Fliegen ihre Eier auf einem kranken Tier abgelegt.

DER GIERSCH IM SPÄTHERBST

Nach wie vor produziert der Giersch neues Laub, solange es nicht friert. Die Feuchtigkeit des Herbstes bekommt ihm gut. Richtig groß werden diese Blätter nicht mehr, aber ihr Grün tut ganz gut in der Atmosphäre allgemeiner Vergänglichkeit.

TOTHOLZ

Totes Holz ist, anders als der Name andeutet, sehr lebendig. Darin und darauf leben vielerlei Insekten, aber auch Pilze und Flechten. Marienkäfer, Hummeln und Laufkäfer überwintern in Ritzen und unter der Borke. Wo Larven leben, sind auch Vögel nicht weit. Nicht nur Spechte picken hier, um den einen oder anderen Bissen zu erwischen. Im Garten ist Totholz ein wichtiger Lebensraum, zum Beispiel in Form von Baumstümpfen, toten Ästen oder in Stücke gesägten Stämmen, die liegen bleiben dürfen.

Bizarre Gestalten

Der selten gewordene **Hirschkäfer**, erkennbar an seinem Geweih, kommt zum Beispiel ohne totes Holz nicht aus. Abgestorbene Linden oder Obstgehölze gibt es nicht mehr oft, da solche Bäume wegen möglicher Gefahren für den Menschen meist schnell beseitig werden. Doch seine Larven benötigen das weiche Material sich zersetzender Wurzeln, an denen sie leben. Mehrere Jahre bringen sie unter der Erde zu, ehe sie als Käfer aus der Puppe schlüpfen. Dann leben sie bis zu zwei Monate, in denen sie sich paaren und wiederum einen geeigneten Platz für ihre Eier suchen – idealerweise am Wurzelwerk absterbender oder bereits verrottender Bäume. Aber auch in Totholzhaufen in Gärten wurden schon Hirschkäfer gesichtet.

Nicht weniger beeindruckend als der Hirschkäfer ist der **Nashornkäfer** – er trägt ein gebogenes Horn auf dem Kopf. Auch er profitiert von totem Holz, da sich seine Larven vom Mulm ernähren – den weichen, abgestorbenen Pflanzenfasern. Im Komposthaufen fühlt er sich ebenfalls wohl. Der grünlich-golden schillernde **Gemeine Rosenkäfer**, der im Sommer im Garten herumkrabbelt, ist auch auf morsches Holz angewiesen, um zu überleben: Seine Engerlinge wohnen und fressen darin. Bockkäfer wie der Fichtenbock leben in und von totem Holz, viele sind auf bestimmte Gehölze spezialisiert. Der schwarz-gelb gestreifte **Gemeine Widderbock** etwa legt Eier unter die Borke. Wenn die Larven schlüpfen, nagen sie sich im Laufe ihres Lebens immer tiefer in den Stamm hinein. Viele dieser Käfer sind heute selten geworden. Im ursprünglichen Wald hatten sie – im Gegensatz zum modernen Forst – genügend Nischen, wo sie zur Zersetzung des alten Holzes beitrugen.

Wohlfühlheim für Insekten

Bienen wie die Gewöhnliche Löcherbiene, die Große Blaue Holzbiene benötigen ebenfalls totes Holz zum Überleben, denn sie nisten darin und bauen Zellen aus klein geraspelten Holzspänen. Holzbienen mögen gerne warme und trockene Stellen im Holzhaufen, Mauerbienen nutzen Gänge, die andere Insekten angelegt haben, zum Nisten. Manchmal ist auch die Gemeine Goldwespe am Totholz zu sehen, die wiederum andere Tiere nutzt: Sie ist ein Parasit, die als solcher ihre Eier in die Nester der Mauerbienen legt. Die schlüpfenden Larven ernähren sich dann von der Bienenlarve. Die Deutsche Wespe oder auch die Waldwespe nutzen verwittertes Holz, um ihre zarten, aber stabilen Nester aus Zellulose und Speichel zu bauen. Die Wände scheinen silbrig-grau im Vergleich zu den bräunlich marmorierten der Gemeinen Wespe oder Hornisse, die beim Nestbau auf morsches, fauliges Holz zurückgreifen.

In der kalten Jahreszeit ohne Laub trägt der Hartriegel Rot. Was für den Menschen dekorativ wirkt, dient der Pflanze als optimaler Sonnenschutz für die Triebe. →

DAS GROSSE ZERSETZEN

Doch ohne Pilze wäre totes Holz für die meisten Tiere nicht nutzbar. Baumpilze wie Zunderschwamm und Hallimasch – eine große Gruppe vieler Arten – zersetzen es und leben von den Nährstoffen, die darin enthalten sind. Sie bringen Äste und Baumstümpfe zum Faulen. Von außen sichtbar sind die als Konsolen bezeichneten Fruchtkörper. Diese können Stiele haben wie der Grünblättrige Schwefelkopf oder auch als Ausbuchtung erscheinen wie beim Rotrandigen Baumschwamm. Er und andere wie der Hallimasch befallen übrigens auch lebendes Holz. Wo sie gesichtet werden, sind andere Gehölze in Gefahr (→ Seite 112). Nicht zu sehen ist das Myzel, ein feines Netzwerk aus Zellsträngen. Der eigentliche Pilz sitzt also in der Rinde, die äußerlich ausgebildeten Fruchtkörper tragen die Sporen und setzen sie frei.

Wird Totholz als Haufen aufgeschichtet, entsteht dadurch zusätzlicher Lebensraum. Blindschleichen finden unter dem Holz einen guten Platz zum Überwintern, Erdkröten und Eidechsen ebenfalls. Ob Haufen aus Ästen und gesägten Stämmen oder wohlgeordneten Scheiten, ist den Tieren egal, das kann der Mensch bestimmen. Auf der Oberfläche siedeln sich dann auch Moose und Flechten an. Falls der Garten groß ist, können Reiser und dünne Äste zu einer Benjeshecke aufgehäuft werden. Mit den Jahren wird sie sich durch Samen, die von Vögeln oder Wind herbeigebracht werden, zu einer richtigen lebenden Hecke entwickeln. Bis es so weit ist, bieten die trockenen Reiser und Äste Rückzugsort für vielerlei Mitbewohner.

DER ANFANG IM ENDE

Auch wenn das Jahr dem Ende zugeht: Jetzt sind bereits Vorboten der kommenden Saison zu sehen. Samen liegen auf der Erde – Ringelblumen und Fenchel –, die überdauern und keimen, sobald ihnen die Temperaturen passend erscheinen. An den Zweigen sind schon die neuen Knospen zu erkennen, an Beerensträuchern, Apfelbaum und Magnolie, wo sie im Frühjahr austreiben. Die Haselsträucher haben sogar schon Kätzchen, beinahe ausgewachsen, aber noch fest verschlossen. Das sind die männlichen Blüten, die erst kurz vor dem Öffnen länger werden. In milden Wintern blühen sie etwa um die Jahreswende, um Nektar und Pollen frei-zugeben. Bienen kommen, finden aber kaum Verwertbares, denn der Pollen enthält wenige Nährstoffe für sie. Die weiblichen Blüten, ebenfalls an derselben Pflanze zu finden, sind unauffälliger: Sie gleichen Knospen, aus denen kleine rote Büschel ragen, die Narben. Diese Pinselchen nehmen herbeigewehten Pollen auf. An dieser Stelle entwickeln sich dann den Sommer über die Nüsse, die im Herbst reifen.

9.

WINTER

DIE ZWEIGE SIND KAHL GEWORDEN.

*Nicht nur Apfelbaum und Hartriegel, auch die Stiel-Eiche
hat ihr Laub verloren. Die Lärche hat ebenfalls ihre Nadeln
abgeworfen. Den winterlichen Garten bestimmen Fichten, Tannen
und Ilex – Gehölze, die ihre Blätter und Nadeln behalten. In den
Beeten stehen trockene Samenstände. Leben zeigen Haselsträucher,
die schon um die Jahreswende blühen, und Christrosen.*

SELBST IM WINTER REGT SICH NOCH ETWAS IM GARTEN.

WAS SEHE ICH?

Eiskristalle auf Halmen und Blättern. Rotkehlchen, Sperlinge, Amseln und Meisen bei der Futtersuche. Tiefrot gefärbte Hartriegelzweige.

WAS SEHE ICH NICHT?

Frösche, Kröten, Ameisen im Winterquartier. Schmetterlingspuppen in den Zweigen. Keimende Misteln, die sich auf einem Zweig verankern.

MANCHE TAGE SIND MILD, nahezu lau. Letzte Ringelblumen blühen, und auch an den Rosen finden sich noch einzelne Nachzügler. Auf dem feuchten braunen Boden stehen frische, grüne Kräuter, zum Beispiel das Gartenschaumkraut: Langsam, aber stetig vergrößern sich Pflänzchen mit den gefiederten Blättchen. Groß und kräftig dagegen nehmen sich die bis zu speisetellergroßen Rosetten der Nachtkerzen aus. Aus der Mitte wächst eine Wurzel tief in die Erde. Den Sommer über ist aus einem Samen eine junge Pflanze gewachsen, die jetzt flach am Boden überwintert. Im kommenden Jahr wird ein Blütenstängel in die Höhe wachsen.

In den Beeten stehen überall trockene Stängel und Staudenreste. Sie dürfen bleiben, denn wenn Frost kommt, schützt diese Schicht alles, was darunter wächst oder hier Quartier bezogen hat. Aber auch frisches Grün ist noch vorhanden. Der Hirschzungenfarn hält selbst Temperaturen unter null Grad aus. Bald öffnet die Christrose ihre Blüten, und Strauchpäonien und Schwarze Johannisbeeren haben bereits Knospen angesetzt. Für Gehölze ist der Winter nur eine Ruhepause, für die nächste Saison ist schon alles bereit.

Auf dem Gemüsebeet wachsen noch Wintersalate, denen Minusgrade nichts anhaben können, dazu gehören Blattsalate und Feldsalat, Zuckerhut, Endivie und Winterportulak. Mit einem Vlies geschützt, können sie die nächsten Monate über im Beet bleiben. Zitronenmelisse hält sich tapfer, Schnittlauch ebenfalls, und Rote Bete überdauert am besten in der Erde, solange keine Wühlmäuse unterwegs sind.

HERAUSFORDERUNGEN DES WINTERS

Doch dann wird es eisig. Frost lässt jegliches Wasser gefrieren, nicht nur das in der Regentonne. Ist die Luftfeuchtigkeit hoch, sind feine Nebeltröpfchen in der Luft. Fallen die Temperaturen tief unter den Gefrierpunkt, so entsteht **Raureif**. Laub, Halme, trockene Hortensien wirken wie aus dem Reich der Eiskönigin. Hagebutten sind bereift, viele längst ausgehöhlt von Vögeln, die Samen herausgepickt haben. Feine Eiskristalle überziehen trockene Blätter des Frauenmantels, Samenstände der Iris und eine letzte gelbe Rosenknospe. Verwandelt ist auch der Salat: Die Blätter sehen aus, als hätten sie einen Rand aus Zucker. Doch sobald die Sonne in den Garten wandert und die Temperaturen steigen, verflüchtigt sich der Zauber. Zurück bleibt ein winterlicher Anblick, eher farblos, der den Frühling herbeisehnen lässt. Die Sonne steht niedrig – schön, wenn es Gräser gibt im Garten, zum Beispiel Chinaschilf, durch deren trockene Wedel sich die winterlichen Strahlen brechen.

Kurze Fröste überstehen selbst solche Pflanzen gut, die eher die Wärme lieben. Die Kapuzinerkresse mit ihrem hohen Wasseranteil in den Zellen ist dann zwar dahin, sie zerfällt zu Matsch. Doch Zitronen- oder Olivenbäume können so etwas vertragen. Erst wenn die Temperaturen dauerhaft unter null bleiben, wird es gefährlich. Denn bei richtigem Frost ist der Boden steinhart. Grashalme zersplittern beim Betreten, selbst die zähen Bergenien lassen dann ihr Laub hängen. Doch sie erholen sich wieder. Rosmarin hingegen, der Eiseskälte nicht gewöhnt ist, kann Zweige verlieren – sie werden trocken und braun.

Die **Trockenheit** macht den Gewächsen zu schaffen. Wenn der Boden durchfriert, können sie kein Wasser aufnehmen. Besonders bei Immergrünen ist das kritisch, da sie auch im Winter Feuchtigkeit über ihr Laub verdunsten. Manche Früchte wiederum macht der Frost erst genießbar. Schlehen sind herb, sauer und bitter, Mispeln hart wie unreife Kiwis. Frost reduziert die Gerbstoffe um mehr als die Hälfte, Stärke wird in Zucker umgewandelt, was aber auch durch Reifung geschieht, je länger die Früchte am Baum hängen oder gelagert werden.

Einige Pflanzen tragen im Winter eine interessante Färbung. Die Borke des Hartriegels wird dunkelrot. Was wir als Zierde empfinden, ist jedoch eine Schutzmaßnahme: Grüne Borke wäre empfindlich bei Sonnenschein und würde zu früh im Jahr mit der Fotosynthese beginnen, erklärt Dr. Patrick Knopf. Daher lagert die Pflanze rote Farbstoffe ein, die wie eine Rundum-Sonnenbrille wirken.

ALTE UND NEUE BLÜTEN

Im Garten ist die Vergänglichkeit zu spüren. Laub vermodert auf dem Boden, in den Beeten herrscht die Farbe Braun vor. Die Stauden haben sich oberirdisch zurückgezogen, nur noch Trockenes steht dort. Ähnlich wie die Bäume haben sie alle Nährstoffe aus den Blättern geholt und im Wurzelstock eingelagert. Dennoch sind schöne Details zu sehen wie Blüten der Lampionblume, die vergehen und dabei die Frucht im Inneren freigeben – sichtbar wie durch ein feines Netz. Manche Bergenien lassen sich nicht davon abhalten, Knospen zu öffnen, willkommene Farbflecken im Winter. Die klassischen Winterblüher sind allerdings **Christ- und Lenzrosen**. Beide gehören zu den Nieswurzgewächsen, sind aber unterschiedlicher Herkunft. Die weiß blühende Christrose stammt aus dem alpinen Raum und stellt hohe Ansprüche an Boden und Klima. Sie braucht mehr Kältereiz als die Lenzrose, die aus dem südöstlichen Europa stammt und auch laueres Klima verträgt.

THEMA: IMMERGRÜNE IM WINTER
DR. PATRICK KNOPF

ZUSAMMENROLLEN SCHÜTZT VOR VERDUNSTUNG.

Immergrüne Gehölze wie Rhododendron zum Beispiel verdunsten auch im Winter Wasser über ihre Blätter. Alle grünen Blätter betreiben Fotosynthese und müssen dazu einen Gasaustausch durchführen – sie verlieren aber auch Wasser bei dieser Atmung. Daher müssen sie im Winter mehr Wasser aufnehmen als laubabwerfende. Wenn der Boden gefroren ist und flüssiges Wasser nicht mehr zur Verfügung steht, wellen sich die Blätter. Bei den Rhododendren hängen sie nach einer Frostnacht zusammengerollt nach unten. Sie verdunsten ihr Wasser nur auf der Blattunterseite, und das Blatt krümmt sich, sodass die atmungsaktiven Innenseiten aneinanderliegen. Damit dämmt es die Wasserverdunstung ein. Das ist so, als wenn Sie sich im Winter den Schal vor den Mund halten: Die Luft erwärmt sich, ehe sie in die Lunge kommt, im Schal sammelt sich aber auch Feuchtigkeit. In dieser Blätterröhre herrscht ebenfalls eine höhere Luftfeuchtigkeit, sodass der Wasserverlust beim Atmen nicht so hoch ist. Ähnlich ist es bei Pflanzen, die behaarte Blätter haben, weil sie sich im Sommer vor dem Verdunsten schützen wollen: Zwischen den Haaren herrscht eine höhere Luftfeuchtigkeit. So kann die Pflanze auch in der heißen Mittagszeit Fotosynthese betreiben, ohne dass sie Wasser verliert. Sonst würde sie die dafür benötigten Spaltöffnungen in ihren Blättern mittags schließen.

Lenzrosen gibt es inzwischen in vielerlei Formen und Farben, sie gehören zu den ersten Blüten mitten im Winter. Ist es mild, kommen auch die Schneeglöckchen früh hervor. Ihre grünen Spitzen zeigen sich oft schon vor Weihnachten.

ÜBERLEBEN IN DER KALTEN JAHRESZEIT

Im Garten fallen jetzt die Löcher der Wühlmäuse auf. Im Gemüsebeet finden sie sich gerne an den Petersilienreihen, denn die Tiere mögen die Wurzeln. Wird das Futter knapp, schmecken ihnen aber auch die Wurzeln von Beerensträuchern oder Obstbäumen, was gerade bei Neuanpflanzungen Schaden anrichtet. Abhalten kann sie nur ein feiner Drahtkorb, in den das Gehölz gepflanzt wurde.

Wühlmäuse wie zum Beispiel die Rötel- oder Feldmaus machen keinen Winterschlaf. Sie lagern auch keine Vorräte ein, sondern sind ständig auf der Suche nach Nahrung in Form von Samenkörnern und Beeren, Kräutern und bereits angelegten Knospen. Die Rötelmaus nagt die Borke von Laubbäumen an, die Schermaus mag auch Kartoffeln. Je weniger Futter sie findet, desto eher vergreift sie sich an Wurzeln von Bäumen und Sträuchern.

Eichhörnchen halten zwar Winterruhe, müssen zwischendurch aber immer mal wieder etwas fressen und sind daher den ganzen Winter über zu sehen. Sie suchen die Nüsse, die sie im Herbst an eher feuchten Stellen vergraben haben, da sie diese dort besser wittern können. Doch trotz guten Erinnerungsvermögens und feiner Nase findet das Eichhörnchen nur etwa ein Drittel seiner Schätze wieder.

Unter der Erde ist der **Maulwurf** in Bewegung. Auch er macht keinen Winterschlaf und hat schon im Herbst einen Vorrat an Regenwürmern angelegt (→ Seite 131), um die kalte Jahreszeit, in der es für ihn kaum Nahrung gibt, zu überstehen. Ab und an ist noch ein **Igel** unterwegs, doch die meisten schlummern bereits im warmen Nest. Daher bei den letzten Arbeiten im Garten behutsam vorgehen – wird noch einmal gemäht, Hecken großräumig aussparen, denn dort könnten sich Igel ihr Lager eingerichtet haben.

← Treffen tiefe Minustemperaturen auf hohe Luftfeuchtigkeit, überzieht Raureif die Pflanzen im Garten, und Hagebutten sehen dann aus wie verzuckert.

Schlafen bis zum Frühling

Tiere, die in den Winterschlaf gehen, haben sich im Herbst Fettreserven zugelegt, von denen ihr Körper in den ruhigen Wochen zehren kann. Zwar sinkt beim Winterschlaf die Körpertemperatur ab, das Herz schlägt langsamer, und auch die Atmung ist reduziert. Dennoch wird Energie benötigt, um den Stoffwechsel aufrechtzuerhalten. Manche Tiere schlafen durchgehend, andere, wie der Igel, sind zwischendurch mal wach, da sie etwas ausscheiden müssen.

Noch früher als die Igel haben sich die Siebenschläfer zurückgezogen, schon seit dem frühen Herbst ruhen sie in einer Baumhöhle, einem Nistkasten oder auch in einer geeigneten Höhle in der Erde. Fledermäuse suchen sich ebenfalls geeignete Verstecke, sind dabei aber wenig anspruchsvoll. Sie überwintern in jeglicher Art von Höhlen, sei es am Baum, am Schuppen oder an Hausfassaden. Manchmal schlafen sie auch in Brennholzstapeln. Um es Fledermäusen bequem zu machen, können spezielle Kästen mehrere Meter über dem Erdboden aufgehängt werden. Eine zusätzliche Ummantelung erweist sich dabei als sinnvoll, um Spechte von der Unterbringung fernzuhalten.

DIE ERDHUMMEL IM WINTER

Tief verborgen in einem sicheren Versteck unter der Erde oder im dichten Laub überwintert die Jungkönigin. Wenn sie es schafft zu überleben, wird sie im Frühling einen ganzen Staat neu aufbauen. Sobald die Temperaturen wieder steigen, kommt sie zum Vorschein.

Unbeweglich in der Kälte

Frösche, Kröten und Eidechsen hingegen fallen in eine Winterstarre, wenn es kalt wird. Sie sind wechselwarm – ihre Körpertemperatur gleicht sich der Umgebung an. Wird es kalt, sind sie bewegungsunfähig und inaktiv. Erdkröten harren in ihren Löchern oder unter Laubhaufen aus, Grasfrösche am Boden des Teichs. Eidechsen und erwachsene Molche ziehen sich in Mauerritzen zurück, Molche in Larvenform bleiben im Wasser. Winterlibellen überwintern ausgewachsen an einem Baum, die meisten anderen Libellen dagegen als Larve oder Ei.

Sechsbeiner im Versteck

Bei den Wildbienen überwintern die adulten Tiere oder Puppen im Kokon, etwa in Stängeln von Pflanzen oder im Boden. Bei den Wespen sind es, ähnlich der Dunklen Erdhummel, die Jungköniginnen, die in einem sicheren Versteck überdauern. Ameisen ziehen sich tief unter die Erde zurück, der gesamte Staat befindet sich in einer Ruhe, die rein wissenschaftlich keine Winterstarre ist, da die Tiere sich bewegen können, wenn auch langsam. Ihre Aktivität nimmt erst dann wieder zu, wenn im Frühjahr die Temperaturen ansteigen.

Überwintern mit Frostschutz

Auch der Zitronenfalter zieht sich jetzt zurück. Er überwintert im Freien und benötigt den Schutz immergrüner Pflanzen wie Ilex oder Efeu. Zu finden ist er kaum, denn er sucht sich einen ungestörten Platz im Gestrüpp, wo er mit seinen zusammengelegten grünlichen Flügeln selber einem Blatt ähnelt. Als Imago und damit als geschlechtsreifes Insekt zu überwintern, bringt dem **Zitronenfalter** den Vorteil, schon früh im Erstfrühling wieder auf Achse zu sein – manchmal ist er sogar im Winter aktiv und sonnt sich. Im Frühjahr paaren sich die Falter, deren Raupen dann im Frühsommer hungrig unterwegs sind. Im Hochsommer fliegen die ersten jungen Falter, die an heißen Wochen eine Art Sommerschlaf machen. Auf diese Weise können Zitronenfalter bis zu einem Jahr alt werden.

Andere Falter wie Tagpfauenauge, Kleiner und Großer Fuchs oder C-Falter suchen sich im Herbst einen geschützten Platz im hohlen Baum, im Schuppen oder auch auf dem Dachboden. Weit häufiger jedoch überwintern Schmetterlinge als Ei, Raupe oder als Puppe der letzten Generation des Sommers. So sind im Frühling nicht alle gleichzeitig auf der Suche nach Futter: Während aus den Eiern erst die Raupen schlüpfen müssen, fressen diejenigen, die überwintert haben und sich schon bald verpuppen. Der Blaue Eichen-Zipfelfalter zum Beispiel gehört zu Ersteren. Jetzt im Winter hat er längst seine Eier an die Knospen von Eichen geklebt, wo sie unauffällig überdauern. Im Frühling schlüpfen dort die Raupen, die

WARUM ERFRIE-
REN ZITRONEN-
FALTER NICHT?

Der Zitronenfalter bereitet sich auf die kalten Monate vor, indem er so viel Flüssigkeit wie nur möglich ausscheidet. Die übrigen Körpersäfte überstehen dank der Einlagerung von Zuckeralkoholen und Eiweißen auch Temperaturen tief unter dem Gefrierpunkt.

sich dann vom jungen Laub ernähren. Damit sind sie später dran als solche Falter, bei denen die Raupe überwintert, wie beispielsweise beim Schachbrettfalter. Die Raupen suchen sich trockene Pflanzenreste am Boden, um dort die kalten Monate zu überdauern. Der Kaisermantel zieht sich unter die Borke an Bäumen zurück, der Schillerfalter bleibt in einem Gespinst an Zweigen sitzen. Andere wie der Eisvogel bauen sich einen Schutz aus Laub. Manche wie der Dunkle Ameisenbläuling lassen sich im Ameisennest durchfüttern (→ Seite 76).

Wer als Puppe überwintert, beginnt das Jahr meist im Vollfrühling mit der Fortpflanzung. Dazu zählen zum Beispiel der Große Kohlweißling, der Segelfalter oder der Schwalbenschwanz, deren Puppen mittels eines Fadens an einem Zweig befestigt sind und, um eventuelle Feinde nicht auf sich aufmerksam zu machen, plumpen Pflanzentrieben ähneln.

FRÜCHTE UND KÖRNER

Meisen picken jetzt an Hagebutten, auch Rotkehlchen, sonst Insektenfresser, suchen an den Pflanzen nach Samen. Vögel lassen sich nun gut beobachten im Garten, denn sie sind auf Futtersuche. Zwar ziehen Zilpzalp und Nachtigall, Mauersegler und Neuntöter in den Süden. Doch einige, wie Spatzen und Spechte, bleiben hier. Sie benötigen viel Energie, daher sind fetthaltige Samen begehrt. Wer sich einen Vorrat angelegt hat, wie der Eichelhäher, sucht nun nach den Verstecken.

← Zitronenfaltern macht der Schnee nichts aus. Seine an ein Blatt erinnernden Flügel schützen den Schmetterling in der Winterruhe davor, gefressen zu werden.

Denn die Vögel haben es nicht leicht. Durch die industrialisierte Landwirtschaft haben sich in den vergangenen Jahrzehnten ihre Lebensräume drastisch verkleinert. Laut Naturschutzbund Deutschland (NABU) soll es rund 450 Millionen Vögel weniger geben als noch vor 30 Jahren – Zahlen, die auch mit dem Rückgang an Insekten zu tun haben mögen. Die Bestände von Sperlingen und Kohlmeisen zum Beispiel sind stark dezimiert, nur den Amseln geht es gut. Das kann mit den Wandergewohnheiten der Tiere und den klimatischen Veränderungen zusammenhängen: Vögel, die in unsere Breiten gezogen wären, bleiben weg.

Gärten können ein artgerechter Lebensraum für die Tiere sein – wenn sie möglichst vielfältig sind. In Laubgehölzen leben Insekten, von denen sich Vögel im Frühjahr ernähren. Die Beeren sind Futter für den Herbst: Sie enthalten viel Zucker und erlauben den Tieren, sich Fettreserven anzulegen. Trockene Körner gehören zur Winternahrung. Wer das nicht verträgt, wie die Drossel, zieht nach Süden.

Winterfütterung

Gut also, wenn es im Garten Vogelbeeren und Kornelkirschen gibt, Felsenbirnen, Holunder, Schlehen und Brombeeren. Auch der Gewöhnliche Schneeball und das Pfaffenhütchen, der Holzapfel und der Weißdorn bieten den Tieren Nahrung. Birkenzeisige und Erlenzeisige sowie Finken fressen Samen der Erle.

Wer im Winter füttert, sollte kurz vor den ersten Frösten beginnen. Dann kennen die Vögel die Stellen bereits, wenn es schneit. Gefüttert werden muss dann aber bis in den Frühling hinein, denn jede Suche kostet die Tiere wertvolle Energie, vergebliche Flüge können sie sich nicht leisten.

Körner fressen Sperlinge, Kernbeißer oder Finken – alle, die einen kräftigen, kompakten Schnabel haben. Rotkehlchen, Amseln, Stare, Zaunkönige oder Heckenbraunellen benötigen weicheres Futter wie Haferflocken in Kokosfett oder Trockenobststücke. Denn ihr schlanker, spitz zulaufender Pinzettenschnabel dient vor allem dazu, Würmer aufzupicken und keine Kerne zu knacken. Besonders robuste Schnäbel haben die Allesfresser wie Eichelhäher und Elstern: Sie können sowohl hartschalige Nüsse öffnen als auch kleine erbeutete Nagetiere zerlegen. Meisen, Kleiber und Spechte sind nicht wählerisch. Während sie an Knödeln oder aufgehängten Futterstationen Körner picken, speisen Rotkehlchen lieber auf dem Boden. Sonnenblumenkerne eignen sich für alle Arten. Wasser wird gleichfalls benötigt. Tränke und Futterhaus sollten unbedingt regelmäßig gereinigt werden.

An nicht komplett abgeernteten Beerensträuchern finden die Tiere noch ein paar Früchte, auch am Liguster: Die schwarzen Beeren hängen oft noch im späten Winter an den Zweigen. Amseln holen sie sich dann vom Strauch, wenn es sonst kaum noch etwas zu fressen gibt. Manchmal tragen die Vögel dazu bei, nicht nur die Pflanze zu verbreiten, sondern auch eine Wespenart. Der Eschenwickler, ein Nachtfalter, lebt auch auf dem Liguster. Seine Raupe frisst gerne in den schwarzen Beeren, doch wird sie parasitiert von Brackwespen, die Eier auf dem Tier ablegen. Schlüpfen die Wespenlarven, ernähren sie sich von der Raupe. Vögel schlucken das gesamte Paket: Beere, Raupe, Wespenlarve. Später scheiden sie den Samen aus und damit die Wespe, die als Puppe im Inneren überlebt hat und dann schlüpft.

FEST VERANKERT AUF DEM ZWEIG

Hoch oben in den Bäumen sind jetzt die kugeligen Formen der **Misteln** zu sehen. Manchmal hängt eine einzelne in den Zweigen, manchmal finden sich gleich mehrere in einer Baumkrone – meist so weit oben, dass ohne Leiter kein Drankommen ist. Sie wachsen dort, wo Vögel wie Mistel-drossel, Mönchsgrasmücke oder Seidenschwanz ihren Schnabel abgestreift haben, wenn sie von den klebrigen Beeren gefressen haben, oder auch auf Ästen, auf die nach dem Verzehr ein Vogelklecks hinfällt. Die milchigen Beeren enthalten Samen, die auf dem Holz haften bleiben.

DER GIERSCH IM WINTER

Immer noch ist das grüne Laub des Gierschs zu se-hen. Solange es nicht friert, bleiben die Blätter beste-hen. Nur der Frost zerstört ihre Zellen. Dem Giersch macht das aber wenig aus, denn seine Kraft liegt jetzt voll und ganz in den Rhizo-men, tief in der Erde.

DAS MEISTE, WAS IM BAUM LEBT, STUFEN WIR ALS SCHÄDLING EIN.

Ungebetener Gast

So klein die Mistel ist im Vergleich zur Pappel oder Birke, auf der sie lebt, so zäh ist sie. Denn die dekorative Pflanze, die in der Weihnachtszeit gerne ins Haus geholt wird, ist ein Halbschmarotzer. Für uns eine schöne Pflanze, der auch ein spirituelles Element zugeschrieben wird – bei den Kelten galt sie als heilig. Sie soll fruchtbar machen und Heilkräfte haben. Dem Baum behagt der Behang allerdings gar nicht. Er versucht, die schmarotzende Wurzel abzuwehren. Denn ist der Platz, an dem der Same landet, geeignet, beginnt die Mistel unverzüglich zu keimen. Zuerst wird ein Keimstängel ausgebildet, der sich an die Borke haftet und in den Ast eindringt. Der Anfang ist gemacht. Im Frühjahr beginnt das Pflänzchen dann, langsam zu wachsen. Je größer es wird, desto tiefer scheint seine Wurzel in den Baum zu gehen. Das ist aber vor allem dem Wachstum des Baumes geschuldet, der sich um die Saugwurzel, die Haustorium genannt wird, weiterentwickelt. Die Mistel zapft aber die Leitungsbahnen des Baumes an, um an Nährstoffe zu gelangen. Dabei bleibt sie maßvoll, denn wenn sie zu viel nimmt, stirbt der Ast, auf dem sie sitzt, ab.

Wählerisch

Doch Mistel ist nicht gleich Mistel: Die Pflanze ist auf bestimmte Bäume spezialisiert. So findet sich auf Eichen und Edelkastanien auch die Eichenmistel. Sie hat im Spätsommer gelbe Beeren, die von den Vögeln gefressen werden, und verliert im Winter ihr Laub. Sie kommt vor allem im östlichen Deutschland vor. Auf Weißtannen wächst die Tannenmistel, auf Kiefern und manchmal auch anderen Nadelgehölzen die Kiefernmistel. Sie verbreitet sich derzeit, da sie durch die trockeneren Sommer und wärmeren Winter (→ Seite 177) einen Vorteil hat. Auf Bäumen, die dadurch gestresst sind, kann sie besser gedeihen. Hat sie sich einmal etabliert, schwächt die Mistel die Kiefer. Diese schließt an heißen Tagen die Spaltöffnungen in ihren Nadeln, um Verdunstung zu vermeiden. Die Mistel tut das nicht und verbraucht viel der wertvollen Feuchtigkeit. Ist der Baum stark befallen, wird er geschwächt und kann neue Misteln nicht mehr gut abwehren. Platanen, Rotbuchen und Eichen bleiben übrigens verschont – auf ihnen gedeiht die Mistel nicht.

BAUM UND BORKE

Jetzt im Winter fällt die Borke der Bäume auf. Bei der Buche ist sie glatt, beim Feldahorn gefurcht. Die Stiel-Eiche hat eine rissig wirkende Oberfläche, die der Schwarzkiefer ist flächig geschuppt. Bei der Birke ist sie besonders glatt, manchmal mit schwarzen Rissen, und löst sich in hauchdünnen Streifen horizontal ab.

Die **Hülle des Baumstamms** wird meist als Rinde bezeichnet, doch diese ist mehr als das, was von außen sichtbar ist: Die Borke bildet gemeinsam mit dem darunterliegenden Bast die eigentliche Rinde. Ein Baumstamm besteht aus verschiedenen Schichten, die um das Innere des Stammes, das Kernholz, liegen. Dieses Kernholz ist hart und dauerhaft und bildet die Grundstruktur. Umgeben wird es vom jüngeren Splintholz, das für die Wasserversorgung der Baumkrone zuständig ist. Es enthält viel Feuchtigkeit und ist nicht so fest wie das Kernholz. Der Kambiumring, der das Splintholz umgibt, ist die Wachstumsschicht des Baumes. Er bildet sowohl das Holz als auch die Borke. Der Bast wiederum liegt zwischen Kambium und Borke. Er dient der Nahrungsversorgung, denn in seinem Gewebe werden Stoffe transportiert. Stirbt der Bast, verwandelt er sich in Kork – der manchmal sehr dünn und unauffällig ist – und dann in die Borke. Diese Borke ist die äußere Haut und schützt den Baum vor Hitze, Kälte, zu starker Sonneneinstrahlung, aber auch vor Krankheitserregern und Insekten, die ihm schaden könnten.

Dennoch schaffen es vielerlei Tiere hinein und leben unter der Borke – das beweist nicht nur das Klopfen des Spechts, der sich seine Mahlzeiten aus dem Baumstamm holt. Meist geschieht das, wenn ein Baum schon geschwächt ist oder Teile abgestorben sind. Denn Totholz ist ein wichtiger Lebensraum für Käfer.

10.

VORFRÜHLING

LEBEN WIRD SICHTBAR IM GARTEN.

*Schneeglöckchen kommen aus der Erde, auch gelbe Winterlinge
öffnen ihre Blüten. Spätestens jetzt geben die Kätzchen der
Haselnuss ihre Pollen frei, und die Hamamelis blüht. Es dauert
nicht mehr lange, dann wird der Boden bunt von Krokussen,
und an den Stachelbeeren zeigen sich die ersten grünen Spitzen.
Wenn die Lerchen singen, ist der Vorfrühling da.*

DIE TAGE WERDEN WIEDER LÄNGER UND WÄRMER!

WAS SEHE ICH?

Hummeln am blau blühenden Lungenkraut, die ersten Buchfinkenweibchen, die zurückkehren. Sich entrollende Stängel des Alpenveilchens, grüne Spitzen der Funkien.

WAS SEHE ICH NICHT?

Den Duft der Chinesischen Winterblüte. Die Rhizome, aus denen bald der Japan-Knöterich sprießt. Die feine Wurzel, die sich aus einem Samenkorn schiebt.

NOCH HÄNGEN HAGEBUTTEN AN DEN ROSEN. Der Winter war nicht karg genug, als dass die Vögel sie hätten aufpicken wollen. Aber jetzt regt sich auch schon neues Leben. Tief unten am Boden blühen die Schneeglöckchen. So klein ihre Blüten, und doch so auffällig in dieser Jahreszeit. Vielerlei Sorten gibt es, die sich oft nur durch ganz genaues Hinschauen unterscheiden lassen, meist durch die grüne Zeichnung auf den inneren Blütenblättern. Zum Weiß und Grün dieser Pflänzchen kommen das leuchtende Gelb der Winterlinge und bald auch die intensiven Farben der Krokusse. Noch vor wenigen Wochen haben sie als grüne Spitzen aus dem Boden geschaut, jetzt öffnen die Elfenkrokusse ihre zarten lila Knospen. Bald folgen tiefviolette, gestreifte oder dottergelbe Sorten.

Die **Zwiebelpflanzen**, die zuerst im Jahr blühen, haben kurze Stängel: Zehn, fünfzehn Zentimeter über dem Erdboden steht die Blüte. Dies hängt mit den Bestäubern zusammen. Wenn die Sonne herauskommt, befindet sich dicht über dem Erdboden eine warme Luftschicht, erklärt Dr. Patrick Knopf. Dort können Hummeln, die schon früh unterwegs sind, gut fliegen und verlieren nicht zu viel Energie bei der Nahrungssuche. Das hat sich in der Evolution so entwickelt: Die Pflanzen mit kurzem Blütenstiel wurden öfter bestäubt und hatten so einen Vorteil.

Nach dem Braun des Winters, dem nur hin und wieder die weißen Kristalle des Raureifs Glanz verliehen haben, tun die neuen Farben der Seele gut. Selbst das nicht allseits beliebte Gelb wird jetzt gerne gesehen, es hebt die Stimmung.

ERSTE NAHRUNG FÜR INSEKTEN

Gelblich-grün sind auch die Knospen der Kornelkirschen, die jetzt aufbrechen. So wenig sie den Menschen auffallen: Ihr Nektar ist eine wichtige Nahrungsquelle für die ersten Bienen und Hummeln, die jetzt unterwegs sind. Die Insekten besuchen auch die Weidenkätzchen – die männlichen mit den auffällig abstehenden Staubgefäßen und die samtig-glatten weiblichen. Die Hummeln fliegen alle Kätzchen auf der Suche nach Nahrung an und bestäuben den Baum auf diese Weise.

Doch auch in Bodennähe werden die Tiere fündig, so zum Beispiel beim Huflattich. Dieses Kraut beginnt seinen Jahreszyklus mit den Blütenständen, die sogar einen schwachen Duft verströmen, erst danach treiben die Blätter aus. Auch das Lungenkraut bietet jetzt schon Nektar, die frischen Blüten sind violett und zeigen den Tieren an, dass hier etwas zu holen ist. Ältere Blüten verfärben sich blau, wenn sie beginnen zu welken (→ Seite 21). Eine besondere Zierde ist das Vorfrühlings-Alpenveilchen, das nun seine Stängel entrollt: Rosafarbene oder weiße Blüten stehen hoch über den silbrig gezeichneten Blättern. Am richtigen Standort – im Wurzelwerk von laubabwerfenden Bäumen – versamt es sich und bildet bald einen ansehnlichen Bestand, der den Garten im Vorfrühling schmückt. Später im Jahr ist von der Pflanze nichts mehr zu sehen, sie hat die Blätter komplett eingezogen.

Mit den Blüten kehren **die Düfte** zurück. Der Winterjasmin blüht mancherorts schon vor Weihnachten auf, durch seine gelbe Farbe und Blütenform sieht er den Forsythien beinahe zum Verwechseln ähnlich. Bis diese blühen, vergehen aber noch einige Wochen, auch duften sie nicht wie der Jasmin. Intensiveren Duft verbreitet jetzt die Chinesische Winterblüte, die meist eher in Botanischen Gärten zu finden ist: Die zarten Glöckchen – je nach Art und Sorte gelblich bis cremefarben mit bräunlich rotem Zentrum – verströmen ein Aroma von Flieder und Vanille. Auch die Schattenblume oder Fleischbeere ist schon aus einigen Metern Entfernung zu riechen. So unscheinbar ihre kleinen weißen Blüten sind, so stark ist deren Duft: Nur ein einziger Zweig verbreitet Wohlgeruch im Haus.

DIE SAISON BEGINNT

In den Beeten sind schon spitze grüne Triebe zu sehen, die ersten Funkien melden sich zurück. Auch Pfingstrosen schieben sich bereits als glatte, rötliche Kappen aus der Erde – ein bisschen wie der Rhabarber, der in ein paar Wochen die ersten Lebenszeichen von sich gibt. Selbst im Gemüsebeet grünt es: Hier ist der Bärlauch zu sehen, von dem bald die ersten Blätter geerntet werden können. Zudem machen sich die Ackerdistel bemerkbar und der Löwenzahn.

Gemüsesorten, die Wärme brauchen, werden im Haus vorgezogen: Tomaten, Auberginen, Chili und Gemüsepaprika. So haben sie ein paar Wochen Vorsprung, bis es warm genug fürs Beet ist. Hell und nicht allzu warm sollten die Saatschalen im Haus stehen – je dunkler, desto dünner und schwächlicher entwickeln sich die Keime. Manches jedoch kommt direkt in die Erde, Spinat und Radieschen zum Beispiel, dazu Petersilie und Dicke Bohnen. Ihnen macht die Kälte nichts aus.

Auch fürs Zierbeet kann jetzt ausgesät werden. Tagetes und Spinnenblumen, Löwenmäulchen und Wicken bekommen einen warmen Start im Haus. Im Freien können Ringelblumen und Kalifornischer Goldmohn, Schleifenblumen und Amaranth in die Erde. Was gleich an Ort und Stelle richtige Wurzeln schlagen kann, ist später kräftiger und robuster als alles, was eingepflanzt wird.

THEMA: ZWIEBELPFLANZEN
DR. PATRICK KNOPF

OHNE KÄLTE KEINE BLÜTE!

Zwiebelpflanzen machen eine Trockenruhe durch. Wenn sie im Frühjahr über die Fotosynthese genügend Zucker produziert, in Stärke umgewandelt und in die Zwiebel eingelagert haben, vertrocknet oben das Laub. Es verrottet im April oder Mai und düngt gleichzeitig den Boden. Wird es im Herbst wieder feuchter, treibt die Zwiebel Wurzeln. Um nach oben auszutreiben, braucht sie aber einen Kältereiz. Wird es nach einer Kälteperiode wieder wärmer, beginnt der Stoffwechsel in der Pflanze – ein komplizierter Vorgang. Manche Pflanzen zeigen schon im Winter erste Spitzen, sie vertragen Eis und Schnee, andere warten etwas länger. Beginnt die Zwiebel dann aber richtig zu wachsen, verbraucht sie den Zucker. Falls es noch einmal kalt wird, kann sie im schlimmsten Fall erfrieren. In erster Linie ist also die Temperatur entscheidend: Ohne Kälte wird die Zwiebel nicht blühen. Das ist auch ein Grund, warum Pflanzen wie Osterglocken und Tulpen in den warmen Subtropen oder Tropen niemals gut gedeihen können – dort fehlt ihnen einfach der Kältereiz.

DIE VÖGEL SINGEN

Allmählich kehrt das Leben in den Garten zurück. Es sind wieder Vögel zu hören. Lange vor Sonnenaufgang ertönt das helle Gezwitscher des Hausrotschwanzes. Er ist aus seinem Winterquartier am Mittelmeer zurückgekommen. Der Vogel fliegt vergleichsweise kurze Strecken und ist daher schon früh im Jahr wieder zurück – rechtzeitig, um ein gutes Revier zu finden (→ Seite 109). Auch Singdrosseln, Mönchsgrasmücken und Feldlerchen, die weggezogen sind, treffen bereits ein: Sie gehören alle zu den Kurzstreckenziehern und haben im Südwesten Europas oder dem Norden Afrikas überwintert. Störche und Rauchschwalben zum Beispiel, die die kalten Monate südlich der Sahara verbracht haben, brauchen noch einige Wochen, bis sie wieder hier sind. Hoch am Himmel sind aber auch bald die Kraniche zu beobachten, die in typischer V-Formation über den Garten ziehen. Sie waren in warmen Regionen Frankreichs oder im Westen Spaniens und sind jetzt auf dem Weg ins Brutgebiet: Seen- oder Flusslandschaften in Ostdeutschland oder weiter nördlich in Skandinavien.

DIE ERDHUMMEL IM VORFRÜHLING

Wenn die Temperaturen nicht allzu eisig sind und die Sonne die Erde wärmt, sind vereinzelt erste Erdhummeln zu sehen. Das sind die Königinnen, die aus ihrem Winterquartier kommen und sich von der Wärme zu kleinen Touren verleiten lassen, um Nahrung zu suchen.

NEUE WEGBEGLEITER

In manchen Gärten steht jetzt noch die **Goldrute** im Beet. Im Vollherbst haben sich ihre gelben Blütenrispen in weiche Büschel verwandelt, die Samen blieben im Winter lange hängen. Danach ist immer noch ein zartes Skelett übrig. Die Kanadische Goldrute kommt meist von alleine ins Beet, und ist sie einmal da, bildet sie schnell einen ansehnlichen Bestand. Ursprünglich stammt sie aus Nordamerika. Schon um 1645 wurde sie in Europa als Zierpflanze eingeführt und hat sich seitdem ausgebreitet. Denn diese Goldrute kann an vielen Standorten wachsen, wenn sie ähnliche Bedingungen vorfindet wie in ihrer Heimat. Sie gedeiht an Böschungen und auf Brachen, aber auch in Auen. Meist findet sie einen Platz, wo sonst nicht viel wächst, zum Beispiel auf Halden. In manchen Regionen Deutschlands besetzt sie aber Lebensräume, die sich dadurch verändern. Magerrasen oder Halbtrockenrasen – selten gewordene Biotope, in denen schützenswerte Arten leben – verändern sich, wenn sich Goldruten ansiedeln. Pflanzen, die mit solcher Konkurrenz nicht zurechtkommen, verschwinden, und mit ihnen die Tiere, die von den Pflanzen abhängig sind. Das Laub der Goldrute wird nur von wenigen Insekten gefressen. Dafür bietet sie aber vielen Insekten wie Schwebfliegen, Wildbienen und Tagfaltern in einer Jahreszeit Nahrung, in der nur wenig blüht: im Spätsommer und Frühherbst.

Einwanderer mit Wurzeln ...

Die Kanadische Goldrute gehört zu den **Neophyten** – Pflanzen, die aus einem anderen Gebiet stammen und bei uns heimisch geworden sind. Dazu werden Arten gezählt, die nach der Entdeckung Amerikas 1492 nach Europa gekommen sind. Alles, was auch vorher hier wuchs, wird als indigen bezeichnet. Doch nicht alle dieser indigenen oder heimischen Pflanzen waren notwendigerweise schon seit der letzten Eiszeit in unseren Breiten vorhanden. Apfel oder Esskastanie, Mohn oder Kamille sind sogenannte Archäophyten: Arten, die schon vor 1492 zu uns gekommen sind. Viele wurden von den Römern mitgebracht.

Die meisten der Neophyten verhalten sich unauffällig. Von tausend Pflanzen, die es hierher verschlägt, finden etwa hundert solche Bedingungen vor, dass sie überleben können. Zehn davon suchen sich einen dauerhaften Platz in der Natur, und von diesen zehn gerät eine aus dem Ruder – sie breitet sich so stark aus, dass sie störend auf das System wirkt: Sie wird invasiv. Die Kanadische Goldrute gehört dazu, genauso der **Topinambur**, der immer häufiger auch außerhalb von Gärten anzutreffen ist. Er stammt ebenfalls aus Nordamerika, blüht spät im Jahr und bietet dann Insekten Nahrung. Seine Knollen, derentwegen er früher vielerorts angebaut wurde, ehe die Kartoffel zum Grundnahrungsmittel wurde, lassen sich nur schwer im Ganzen aus dem Boden holen und treiben immer wieder von Neuem aus. Besonders an Ufern von Bächen und Flüssen besiedelt der Topinambur Flächen und gilt als potenziell invasiv. Allerdings deutlich milder als andere invasiven Pflanzen wie der Riesen-Bärenklau, der Japan-Staudenknöterich oder der Götterbaum: Sie gelten als Paradebeispiele der »bösen Einwanderer«.

EINHEIMISCHE
PFLANZEN
STATT EXOTEN?

Viele Insekten sind auf heimische Pflanzen spezialisiert, bestes Beispiel sind die Schmetterlingsraupen. Nektar- und Pollenreiches, das aus anderen Regionen stammt, wird dennoch gerne angenommen, besonders wenn es gegen Ende des Sommers Nahrung bietet.

+ Der **Götterbaum** wurde im 18. Jh. aus Asien nach Europa geholt, wo er in Botanischen Gärten aus Samen gezogen wurde. Hartes Holz und dekoratives Laub machten ihn zu einem begehrten Gewächs, das allerdings nicht an den Orten blieb, an denen Menschen es haben wollten. Er mag das warme städtische Klima, gedeiht auf Grünstreifen und Verkehrsinseln und sprießt aus kleinsten Ritzen. Er kann zum Problem werden, wenn seine Wurzeln sich in Fundamente bohren.

+ Der **Riesen-Bärenklau** war lange Zeit in Gartencentern erhältlich, da er eine beeindruckende Erscheinung ist und auf seinen großen Dolden viele Insekten Nahrung finden. Er versamt sich schnell und bildet große Bestände. Durch ihren luftigen Wuchs verdrängt die Pflanze nur selten andere Arten. Gefährlich ist sie eher für Mensch und Tier: Der Saft enthält Stoffe, die die Haut schädigen können.

+ Der aus Asien stammende **Japan-Knöterich** wiederum verbreitet sich durch Rhizome und ist äußerst hart im Nehmen. Das ansehnliche Gewächs mit kleinen weißen Blüten breitete sich ab dem 19. Jh. in Europa aus – vor allem an Flussufern, aber auch an Autobahnböschungen oder im Wald. Da er schnell, kräftig und hoch wächst, verdrängt er andere Pflanzen – zum Beispiel den selten gewordenen Straußenfarn. Durch seinen Wuchs kann er den Verlauf von Bächen und Flüssen verändern, es kann vorkommen, dass seine Rhizome Uferbefestigungen und Gleisanlagen zerstören.

← Schneeglöckchen sind beliebte Vorfrühlingsboten. Bald blühen sie mit den Krokussen zusammen, und die Beete werden wieder lebendig und bunt.

PFLANZENWAHL UND AUSSEHEN DES GARTENS HÄNGEN VOM KLIMA AB.

… und mit Beinen

Doch nicht nur Pflanzen, auch Tiere aus anderen Regionen finden bei uns Platz.

- Zu den bekanntesten gehört der **Asiatische Marienkäfer**, der zur Schädlingsbekämpfung ins Land geholt wurde. Inzwischen hat er die einheimischen Marienkäfer überrundet und ist immer häufiger zu sehen.
- Aber auch der **Waschbär**, im 19. Jh. für Menagerien und Zoologische Gärten aus den USA geholt, hat sich bereits etabliert. Diese Tiere haben einen Niedlichkeitsfaktor, können jedoch Ökosysteme beeinflussen. In Wäldern schlafen sie in Baumhöhlen, die der Waldkauz gerne nutzt. Sie ernähren sich unter anderem von Gelegen von Vögeln und Amphibien – kritisch kann das für bedrohte Arten wie die Gelbbauchunke und die Europäische Sumpfschildkröte werden.
- Bisam und **Nutria** sind inzwischen ebenfalls in Deutschland heimisch. Nutria, zunächst in Zoos gehalten, später gezüchtet für Pelze, machen möglicherweise den Bibern Konkurrenz, auf jeden Fall fressen sie Uferpflanzen und können zum Beispiel die Bestände der Sumpf-Schwertlilie dezimieren.
- Der **Amerikanische Ochsenfrosch** schließlich, ebenfalls etabliert, bringt durch seine schiere Größe und seinen Hunger die hiesige Amphibienwelt durcheinander – frisst er doch große Mengen anderer Amphibien, Schnecken und Insekten.

Rückgängig machen lassen sich solche Entwicklungen nicht mehr. Sie zeigen aber, wie eng verzahnt die ökologischen Beziehungen in einem Lebensbereich sind und wie leicht etwas, das sich über Jahrtausende ohne menschliches Zutun entwickelt hat, aus dem Gleichgewicht gebracht wird. Auf den Garten bezogen heißt das: sich bewusst machen, wie wenig wir noch immer verstehen, und den bekannten oder unbekannten Zusammenhängen eher mehr als weniger Respekt entgegenbringen.

ES WIRD WÄRMER

Manchmal blühen die Kleinen Schneeglöckchen schon vor Weihnachten, und zu Neujahr sind im Rasen bereits die ersten Spitzen der Krokusse auszumachen. Vielerorts sind die Winter mild und nass statt klirrend und eisig. Eine wirkliche Vegetationsruhe gibt es dann gar nicht, das Wachstum geht langsam, aber stetig weiter. Auf einmal liegt das Gemüsebeet unter einer dichten Kraut- statt Schneeschicht, und der Garten befindet sich in einem merkwürdigen Zwischenstadium: Winter und Vorfrühling spielen miteinander. Die Kälte fehlt. Wenn die Temperaturen im Erstfrühling dann noch einmal unter null fallen, können manche Pflanzen einen Schaden davontragen. Sie haben ausgetrieben, und das junge Laub erfriert.

Das Klima war schon immer variabel, auch früher gab es nicht in jedem Winter klirrende Kälte. Doch es wird tatsächlich milder: Die Temperaturen steigen leicht, aber stetig an. Laut Nationalem Klimareport 2016 des Deutschen Wetterdienstes (DWD) ist es seit 1880 im Schnitt um 1,4 °C wärmer geworden. Bis zum Jahr 2050 werden Temperaturen erwartet, die im Sommer um 1,5 bis 2,5 °C höher liegen als noch 1990. Im Winter wird es bis zu 3 °C wärmer, dann sollen auch bis zu 30 % mehr Niederschläge fallen. Die Sommer dagegen werden trockener – bis zu 40 % weniger Regen steht zu erwarten. Das hat Folgen, auch für Pflanzen: Sie müssen mit mehr Trockenheit, mit Stürmen, Starkregen, nassen Wintern und Spätfrösten zurechtkommen.

Das Klima kann regional stark schwanken, im Hochsommer steigen die Temperaturen aber in vielen Teilen Deutschlands häufiger auf bis zu 40 °C an. Die hohe Sonneneinstrahlung setzt dem Laub zu, und fehlt das Wasser, haben Pflanzen extremen Stress. Blätter können verbrennen, und ohne Feuchtigkeit aus dem Boden fehlt

DER GIERSCH IM VORFRÜHLING

Der Giersch hat Pause. Nach milden Wintern sind noch ein paar Blätter aus dem Vorjahr zu sehen, aber wenn es gefroren hat, erinnert nichts an die Pflanze, die noch vor Kurzem einen großen Bestand gebildet hat. Aber keine unnötige Sorge, der Giersch ist noch da!

ihnen die Möglichkeit, Stamm, Stängel und Zweige abzukühlen. Mediterrane Gewächse wie Lavendel, Oleander und Rosmarin haben ihre Strategien, um solche heißen Wochen zu überstehen. Doch das hilft ihnen in der kalten Jahreszeit nicht weiter. Denn lang anhaltende Nässe vertragen die wenigsten von ihnen, und ein später Frost kann große Schäden an ihren jungen Trieben anrichten.

Bei Pflanzen, die sich selber vermehren, wird es immer welche geben, die unter den sich wandelnden Bedingungen besser wachsen, blühen und gedeihen als andere. Sie werden sich durchsetzen. Bei Stauden und Gehölzen aus anderen Regionen, die wir in den Garten holen, ist die Auswahl künftig vermutlich eine andere als bisher. Gewächse mit großen Blättern, über die viel Verdunstung stattfindet, benötigen zu viel Wasser. Weniger Aufmerksamkeit erfordern diejenigen, die ohnehin an eher trockenen Standorten gedeihen, Steppenkerzen zum Beispiel. Bei Sträuchern und Bäumen ist es schwieriger, die richtige Entscheidung zu treffen, denn die künftige Entwicklung des Klimas lässt sich zwar erahnen, aber nicht genau

← *Neues Leben regt sich im Garten. Wie kleine Lanzen kommen die Spitzen der Funkien aus der Erde. Bis sich die Blätter entrollen, wird es noch einige Wochen dauern.*

voraussagen. Wer weiß, mit welchen Bedingungen Bäume, die hundert Jahre alt werden können, einmal zurechtkommen müssen? Deutlich wärmer und trockener – so lautet die Voraussage für das zukünftige Stadtklima. Dann können Gehölze aus anderen Regionen dort bessere Chancen haben als einheimische. Die Stiel-Eiche beispielsweise gedeiht in kontinentalem Klima gut, die aus Südeuropa stammende Zerr-Eiche aber besser in mediterranem. Sie könnte sich künftig eher für Gärten in der Stadt eignen.

EIN KREISLAUF

An manchen Rosensträuchern hängen zwar noch letzte Hagebutten, aber aus den Augen an den Trieben werden in Kürze neue Blättchen sprießen. Unter den Zierquitten liegen die Früchte des vergangenen Jahres, wenn sich ihre roten oder lachsfarbenen Blüten öffnen. Am Fuße der längst braun gewordenen Fetthennen-Stängel im Staudenbeet sind schon winzige Blätter zu erkennen, aus denen die Pflanze bald heranwachsen wird. Alt und neu liegen gar nicht weit auseinander: Die Spuren der vergangenen Saison treffen mit den Anzeichen der neuen zusammen. So hängen an den Buchen noch Blätter und Eckern, die nicht abgefallen sind, aber in den Knospen an den Zweigen liegt bereits alles bereit, was der Baum in diesem Jahr braucht. Und das Efeu hat schon junge grüne Spitzen, während es die schwarzblauen Früchte der vergangenen Blüte trägt.

Auch die Tiere fangen wieder von vorne an. Die Hummel- und Wespenköniginnen, die überwintert haben, gründen einen neuen Staat. Aus den Puppen der Wildbienen schlüpfen bald junge Tiere, aus den Gallen, die im Herbst zu Boden gefallen sind, die Gallmücken. Florfliegen kommen aus ihrem Winterquartier und stärken sich mit Nektar, ehe sie sich paaren und Eier legen. Kröten sind unterwegs zum Laichgewässer, und für Eichhörnchen ist jetzt im Vorfrühling die Balz in vollem Gange. Hoch oben inspizieren die ersten Elstern schon die Baumkronen nach einem geeigneten Platz für ihr Nest. Der Kreislauf beginnt von Neuem.

REGISTER

Die **halbfett** gesetzten Seitenzahlen verweisen auf Abbildungen

REGISTER

REGISTER

ADRESSEN

Arche Noah
Österreichische Gesellschaft für die
Erhaltung der Kulturpflanzenvielfalt
& ihre Entwicklung. Obere Straße 40,
A-3553 Schiltern, www.arche-noah.at

SoLaWi
Allgemeine Anfragen, Öffentlichkeitsar-
beit und Fundraising: Stephanie Wild,
Bahnhofstraße 51, 14806 Bad Belzig,
www. solidarische-landwirtschaft.org

VEN
Verein zur Erhaltung der Nutzpflanzen-
vielfalt, www.nutzpflanzenvielfalt.de

VGiD
Verband der Gartenbauvereine Deutsch-
land e.V., Kulturzentrum Bettinger
Mühle, Hüttersdorfer Straße 29, 66839
Schmelz, www.gartenbauvereine.de

INTERNET

Beratung
www.gartenbauvereine.de
www.kleingarten-bund.de
www.gartenakademien.de

Offene Gärten
www.offene-gartenpforte.de
www.offenergarten.de
www.gartenbesuch.de

Gesellschaften für Pflanzenliebhaber
www.ddg-web.de
www.gartengesellschaft.de
www.gds-staudenfreunde. de
www.rosenfreunde.de

Nützlinge im Garten
www.amw-nuetzlinge.de
www.nuetzlinge.de
www.re-natur.de

BODENPROBEN

AGROLAB Agrar und Umwelt GmbH
Breslauer Straße 60, 31157 Sarstedt,
www.agrolab.com

VDLUFA
Verband Deutscher Untersuchungs- und
Forschungsanstalten e. V., c/o LUFA
Speyer, Obere Langgasse 40,
67346 Speyer, www.vdlufa.de

LITERATUR

Bielmeier, Sandra; Bielmeier, Armin:
Bienen Basics. Gräfe und Unzer Verlag,
München

Grabner, Melanie; Watschong, Ludwig:
**Quickfinder Biogarten: Nachhaltig
und naturnah gärtnern. Biologisch
Gärtnern im Nutz- und Ziergarten.**
Gräfe und Unzer Verlag, München

Hansen, Richard; Stahl, Friedrich:
Die Stauden und ihre Lebensbereiche.
Verlag Eugen Ulmer, Stuttgart

Haskell, David G.: **Das verborgene
Leben des Waldes. Ein Jahr Naturbeob-
achtung.** Goldmann Verlag, München.

Heß, Dieter: **Die Blüte. Eine Einfüh-
rung in Struktur und Funktion, Ökologie und Evolution der Blüten.**
Verlag Eugen Ulmer, Stuttgart

Hofmann, Helga: **Gartenparadies für
Vögel. Bed & Breakfast für gefiederte
Gäste.** Gräfe und Unzer Verlag,
München

Hofmann, Till; Matschiess, Torsten:
**Und es wächst doch! Grüne Superhel-
den – diese Pflanzen lösen jedes Gar-
tenproblem. Schneckenfest – schatten-
tolerant – konkurrenzstark.**
Gräfe und Unzer Verlag, München

Langheineken, Jutta: **Das Unkraut-
Buch. Erkennen. Nutzen. Entfernen.**
BLV Verlag, München

Langheineken, Jutta; Weinrich,
Schwester Christa: **Schwester Christas
Mischkultur.** Verlag Eugen Ulmer,
Stuttgart

Nagel, Cynthia: **Mein summendes Para-
dies.** Gräfe und Unzer Verlag, München

Råman, Tina; Rundquist, Ewa-Marie:
Dünger – Kraft für Boden & Pflanzen.
Franckh Kosmos Verlag, Stuttgart

Spohn, Roland und Margot: **Bäume und
ihre Bewohner: Der Naturführer zum
reichen Leben an Bäumen und Sträuchern.** Haupt Verlag, Bern

Spohn, Roland und Margot:
**Blumen und ihre Bewohner: Der
Naturführer zum reichen Leben an
Garten- und Wildpflanzen.**
Haupt Verlag, Bern

Storl, Christine: **Unsere grüne Kraft.
Das Heilwissen der Familie Storl.**
Gräfe und Unzer Verlag, München

Wohlleben, Peter: **Kranichflug und
Blumenuhr: Naturphänomene im
Garten beobachten, verstehen und
nutzen.** Pala Verlag, Darmstadt

DIE EXPERTEN

Dr. Patrick Knopf
Direktor
Botanischer Garten Rombergpark
Am Rombergpark 35a
44225 Dortmund
Tel.: +49 (0)231- 50 24 164
Fax: +49 (0)231- 50 24 163
E-Mail: pknopf@stadtdo.de
rombergpark.dortmund.de

Prof. Dr. Caroline Müller
Lehrstuhl für Chemische Ökologie
Fakultät für Biologie
Universität Bielefeld
Universitätsstraße 25
33615 Bielefeld
Tel: +49 (0)521 106 5524
E-Mail: caroline.mueller@uni-bielefeld.de
www.uni-bielefeld.de/biologie/ChemOe-
kologie/

Marja Rottleb
Referentin Kampagnen Garten
NABU – Naturschutzbund
Deutschland e.V.
Charitéstraße 3
10117 Berlin
Tel. +49 (0)30 28 49 84- 15 82
E-Mail: Marja.Rottleb@NABU.de
www.NABU.de

Prof. Dr. Thomas Schmitt
Direktor des Senckenberg Deutsches
Entomologisches Institut
Eberswalder Straße 90
15374 Müncheberg
Tel: +49 (0)33432-73698-3700
E-Mail: Thomas.Schmitt@senckenberg.de
www.senckenberg.de

DANK

Mein großer Dank geht an Dr. Patrick
Knopf, Prof. Dr. Caroline Müller, Marja
Rottleb und Prof. Dr. Thomas Schmitt:
Ihr Expertenwissen hat diesem Buch
wertvolle Tiefe verliehen. Ich danke dem
Verlags-Team für dieses schöne Projekt
und Dr. Stefanie Gronau für das tolle
Lektorat. Danke an Markus für die Lek-
türe und an Sabine für den Tipp. Mein
allergrößter Dank geht an Till und Nora!

BILDNACHWEIS

Cover: Stocksy/Javier Pardina
(Motiv: Bei Insekten ist die Wilde
Möhre, *Daucus carota* subsp. *carota*,
sehr beliebt. Hier besucht gerade eine
Feuerwanze, *Pyrrhocaridae*, die weiße
Blütendolde).

AdobeStock: 2, 5-1, 7, 16, 19, 24, 30,
31, 37, 42, 46, 49, 50, 51, 57, 63, 75, 78,
81, 84, 85, 91, 92, 99, 108, 112, 115, 116,
120, 121, 127, 134, 135, 139, 142, 149,
150, 151, 156, 158, 166, 167, 172;
Biosphoto: 66;
blickwinkel: 160;
FLPA: 40;
Gettyimages: 59, 96, 130, 144, 174,
178;
Shutterstock: 5-2, 10, 11, 15, 20, 25, 27,
29, 35, 38, 43, 45, 55, 60, 64, 68, 69, 72,
76, 77, 89, 95, 100, 111, 118, 125, 133,
141, 146, 155, 163, 171, 177;
Stocksy: 6, 8, 22, 102, 103;
Sabine Tenta: U3.

Syndication: www.seasons.agency

GARTENLUST PUR.

ISBN 978-3-8338-6535-0

ISBN 978-3-8338-6870-2

ISBN 978-3-8338-6242-7

ISBN 978-3-8338-6349-3

ISBN 978-3-8338-3790-6

 Auch als eBook erhältlich.

IMPRESSUM

Projektleitung: Anita Zellner
Lektorat: Dr. Stefanie Gronau
Korrektorat: Annette Baldszuhn
Bildredaktion: Hannah Crawford, Natascha Klebl (Cover)
Umschlaggestaltung & Layout: Independent Medien-Design, München: Horst Moser (Artdirection), Lucie Heselich
Satz: Ludger Vorfeld
Herstellung: Martina Koralewska
Repro: Ludwig, Zell am See
Druck & Bindung: Dimograf

ISBN 978-3-8338-6953-2
1. Auflage 2019

LIEBE LESERINNEN UND LESER,

wir wollen Ihnen mit diesem Buch Informationen und Anregungen geben, um Ihnen das Leben zu erleichtern oder Sie zu inspirieren, Neues auszuprobieren. Wir achten bei der Erstellung unserer Bücher auf Aktualität und stellen höchste Ansprüche an Inhalt und Gestaltung. Alle Anleitungen und Rezepte werden von unseren Autoren, jeweils Experten auf ihren Gebieten, gewissenhaft erstellt und von unseren Redakteuren/innen mit größter Sorgfalt ausgewählt und geprüft.

Haben wir Ihre Erwartungen erfüllt? Sind Sie mit diesem Buch und seinen Inhalten zufrieden? Haben Sie weitere Fragen zu diesem Thema? Wir freuen uns auf Ihre Rückmeldung, auf Lob, Kritik und Anregungen, damit wir für Sie immer besser werden können. Und wir freuen uns, wenn Sie diesen Titel weiterempfehlen, in Ihrem Freundeskreis oder bei Ihrem online-Kauf.

Sollten wir Ihre Erwartungen sogar nicht erfüllt haben, tauschen wir Ihnen Ihr Buch jederzeit gegen ein gleichwertiges zum gleichen oder ähnlichen Thema um.

KONTAKT
GRÄFE UND UNZER VERLAG
Leserservice
Postfach 86 03 13
81630 München
E-Mail: leserservice@graefe-und-unzer.de
Telefon: 00800 / 72 37 33 33*
Telefax: 00800 / 50 12 05 44*
Mo-Do: 9.00–17.00 Uhr
Fr: 9.00–16.00 Uhr (*gebührenfrei in D,A,CH)

 www.facebook.com/gu.verlag

Ein Unternehmen der
GANSKE VERLAGSGRUPPE